水利工程建设项目管理总承包（PMC）工程质量验收评定资料表格模板与指南

（下册）

王浏刘　李长春　朱金成　王冰蕾　郭巍巍　耿庆柱　杜剑威
王　美　葛现勇　韩念山　黄晶纯　主秋丽　宋冬生　刘文志　著
刘　璐　王　达　袁　帅　王庆斌　尹纪华　夏强强

黄河水利出版社
·郑　州·

图书在版编目(CIP)数据

水利工程建设项目管理总承包(PMC)工程质量验收
评定资料表格模板与指南：上、中、下册/王腾飞等著．
—郑州：黄河水利出版社，2021.9
ISBN 978-7-5509-3117-6

Ⅰ．①水…　Ⅱ．①王…　Ⅲ．①水利工程-承包工程-
工程质量-工程验收-表格　Ⅳ．①TV 512-62

中国版本图书馆 CIP 数据核字(2021)第194415号

出　版　社：黄河水利出版社　　　　　　　　　　　　网址：www.yrcp.com
　　　　　　地址：河南省郑州市顺河路黄委会综合楼 14 层　　邮政编码：450003
发行单位：黄河水利出版社
　　　　　　发行部电话：0371-66026940、66020550、66028024.66022620(传真)
　　　　　　E-mail：hhslcbs@ 126. com
承印单位：广东虎彩云印刷有限公司
开本：787 mm×1 092 mm　1/16
印张：90
字数：1800 千字
版次：2021 年 10 月第 1 版　　　　　　　　　　印次：2021 年 10 月第 1 次印刷

定价(上、中、下三册)：298.00 元

序 言

随着我国改革开放的进一步深入,在国际形势的影响下,项目建设管理模式也发生了一些变化。究其发生重大改变的原因,主要是随着社会经济的不断发展,项目建设规模不断加大,复杂性也随之增加;而就企业本身的管理资源现状而言,不能完全达到项目建设管理的需求和目标。PMC 全称为 Project Management Contractor,是指项目管理承包商不直接参与项目的设计、采购、施工和试运行等阶段的具体工作,代表业主对工程项目进行全过程、全方位的项目管理,这种模式是国际上较为流行的一种对项目进行管理的模式。为此,PMC 作为一种新型的工程建设项目管理和承包模式应运而生,并且经过近些年的发展已日臻完善。水利建设项目具有规模大、周期长、技术含量高、涉及专业广、不确定因素多、风险大等特点,PMC 项目管理模式在众多大中型水利项目建设中也得到广泛采用。

质量控制是 PMC 项目管理的关键工作之一,其基础工作——施工质量的检验与评定显得尤为重要。目前水利工程施工质量评定分为单元工程、分部工程、单位工程和项目工程四级进行,单元工程质量评定作为水利工程施工质量检验与评定的基础环节,其工作质量决定了工程质量控制及分部工程、单位工程和项目工程质量的评定结果。单元工程质量评定中,质量评定标准是评定工作的前提和依据,主要包括两个方面:一是评定规范、评定标准中确定的原则(含评定程序),即主控项目、一般项目,合格、优良标准的确定等;在质量评定过程中一定要做到同一工程项目标准要明确,统一。二是质量标准的确定,质量标准既有施工规范、评定标准的要求,也有设计和合同中约定的技术指标(参数)。

作为单元工程质量评定工作的载体,评定表格的设计和填写直接影响和决定最终的评定结果。例如,百色水库灌区工程涉及的施工规范和验收评定标准不仅包含水利水电工程的,还包含房屋建筑工程、市政工程、输电线路工程、公路工程、园林绿化工、水保工程和通信工程的,而且随着新的施工规范和验收标准的出台,2016 年水利部建设与管理司发布的《水利水电工程单元工程施工质量验收评定表及填表说明》(上、下册)远远不能满足百色水库灌区工程单元工程施工质量检验与评定的需要。中水北方勘测设计研究有限责任公司作为百色水库灌区工程的项目管理总价承包单位(PMC),为了加强百色水库灌区工程的建设质量管理,保证工程施工质量,统一施工质量检验和评定标准,使施工质量检验和评定工作标准化、规范化,依托中水北方勘测设计研究有限责任公司的技术优势,组织相关专业人员,依据相关国家和行业现行施工规范和验收标准、设计指标及合同约定,并结合工程实际需要,编制了《广西桂西北治旱百色水库灌区工程管理标准——施工质量验评表格汇总》,为PMC项目管理模式提供了一套规范质量评定用表,使项目管理规范化、标准化,提升了项目档案管理水平。

作为PMC项目管理模式系列管理标准之一,本套表格已在铜仁市大兴水利枢纽工程、拉萨市拉萨河河势控导工程(滨江花园段)等多个水利工程项目建设中应用,效果良好,其中铜仁市大兴水利枢纽工程的工程档案被评为优等。

本套表格编写过程中仍存在表格不全问题,本书中未收录的表格应按相关规范、质量标准中相应的验评表执行。

本套表格与同行分享,希望能对采用PMC项目管理模式的工程项目规范化、标准化和精细化管理起到引领示范作用,同时也希望得到同行的推广运用和指导。

全书由王腾飞主持著写,总计180万字,分为上、中、下三册。其中,上册约48万字,由王腾飞、宋慈勇、林华虎、张嘉军、寇立屹、刘虎、刘振界、左凤霞著写;中册约70万字,由朱国强、孔庆峰、刘建超、沈家正、宋涛、吴文仕、孙德尧、曹阳、于茂、朱学英、陈海波、孟宪伟、殷道军、黄茜著写;下册约62万字,由王浏刘、李长春、朱金成、王冰蕾、郭巍巍、耿庆柱、杜剑葳、王美、葛现勇、韩念山、黄晶纯、主秋丽、宋冬生、刘文志、刘璐、王达、袁帅、王庆斌、尹纪华、夏强强著写。

作　者

2021 年 9 月

目　录

序言

第1部分　工程项目施工质量评定表

表 1001　水工建筑物外观质量评定表 …………………………………………………（3）

表 1002　明（暗）渠工程外观质量评定表 ………………………………………………（5）

表 1003　引水（渠道）建筑物工程外观质量评定表 ……………………………………（6）

表 1004　房屋建筑工程外观质量评定表 ………………………………………………（7）

表 1005　重要隐蔽单元工程（关键部位单元工程）质量等级签证表 …………………（9）

表 1006　分部工程施工质量评定表 ……………………………………………………（10）

表 1007　单位工程施工质量评定表 ……………………………………………………（11）

表 1008　单位工程施工质量检验资料核查表 …………………………………………（12）

表 1009　工程项目施工质量评定表 ……………………………………………………（14）

第2部分　土石方工程验收评定表

第1章　明挖工程 …………………………………………………………………………（17）

表 2101　土方开挖单元工程施工质量验收评定表 ……………………………………（18）

　表 2101.1　表土及土质岸坡清理工序施工质量验收评定表 ………………………（19）

　表 2101.2　软基或土质岸坡开挖工序施工质量验收评定表 ………………………（20）

表 2102　岩石岸坡开挖单元工程施工质量验收评定表 ………………………………（21）

　表 2102.1　岩石岸坡开挖工序施工质量验收评定表 ………………………………（22）

　表 2102.2　地质缺陷处理工序施工质量验收评定表 ………………………………（23）

表 2103　岩石地基开挖单元工程施工质量验收评定表 ………………………………（24）

　表 2103.1　岩石地基开挖工序施工质量验收评定表 ………………………………（25）

　表 2103.2　地质缺陷处理工序施工质量验收评定表 ………………………………（26）

第2章　洞室开挖工程 ……………………………………………………………………（27）

表 2201　岩石洞室开挖单元工程施工质量验收评定表 ………………………………（28）

表 2202　土质洞室开挖单元工程施工质量验收评定表 ………………………………（29）

表 2203　隧洞支护单元工程施工质量验收评定表 ……………………………………（30）

　表 2203.1　管棚工序施工质量验收评定表 …………………………………………（31）

　表 2203.2　超前小导管工序施工质量验收评定表 …………………………………（32）

　表 2203.3　钢架工序施工质量验收评定表 …………………………………………（33）

　表 2203.4　锚喷支护锚杆工序施工质量验收评定表 ………………………………（34）

　表 2203.5　锚喷支护喷混凝土工序施工质量验收评定表 …………………………（35）

第3章　土石方填筑工程 …………………………………………………………………（36）

表 2301　土料填筑单元工程施工质量验收评定表 ……………………………………（37）

　表 2301.1　土料填筑结合面处理工序施工质量验收评定表 ………………………（38）

　表 2301.2　土料填筑卸料及铺填工序施工质量验收评定表 ………………………（39）

　　　　表2301.3　　土料压实工序施工质量验收评定表 ……………………………… （40）

　　　　表2301.4　　土料填筑接缝处理工序施工质量验收评定表 ………………… （41）

　　　表2302　　反滤(过渡)料填筑单元工程施工质量验收评定表 …………………… （42）

　　　　表2302.1　　反滤(过渡)料铺填工序施工质量验收评定表 …………………… （43）

　　　　表2302.2　　反滤(过渡)料铺填压实工序施工质量验收评定表 …………… （44）

　　　表2303　　垫层料铺填单元工程施工质量验收评定表 ……………………………… （45）

　　　　表2303.1　　垫层料铺填工序施工质量验收评定表 ………………………… （46）

　　　　表2303.2　　垫层料压实工序施工质量验收评定表 ………………………… （47）

　　　表2304　　排水工程单元工程施工质量验收评定表 ………………………………… （48）

第4章　砌石工程 ………………………………………………………………………… （49）

　　　表2401　　干砌石单元工程施工质量验收评定表 …………………………………… （50）

　　　表2402　　护坡垫层单元工程施工质量验收评定表 ………………………………… （51）

　　　表2403　　水泥砂浆砌石体单元工程施工质量验收评定表 ………………………… （52）

　　　　表2403.1　　水泥砂浆砌石体层面处理工序施工质量验收评定表 ………………… （53）

　　　　表2403.2　　水泥砂浆砌石体砌筑工序施工质量验收评定表 …………………… （54）

　　　　表2403.3　　水泥砂浆砌石体伸缩缝工序施工质量验收评定表 …………………… （56）

　　　表2404　　混凝土砌石体单元工程施工质量验收评定表 …………………………… （57）

　　　　表2404.1　　混凝土砌石体层面处理工序施工质量验收评定表 …………………… （58）

　　　　表2404.2　　混凝土砌石体砌筑工序施工质量验收评定表 …………………… （59）

　　　　表2404.3　　混凝土砌石体伸缩缝工序施工质量验收评定表 …………………… （61）

　　　表2405　　水泥砂浆勾缝单元工程施工质量验收评定表 …………………………… （62）

　　　表2406　　土工织物滤层与排水单元工程施工质量验收评定表 …………………… （63）

　　　　表2406.1　　场地清理与垫层料铺设工序施工质量验收评定表 …………………… （64）

　　　　表2406.2　　织物备料工序施工质量验收评定表 ………………………………… （65）

　　　　表2406.3　　土工织物铺设工序施工质量验收评定表 ………………………… （66）

　　　　表2406.4　　回填和表面防护工序施工质量验收评定表 …………………… （67）

　　　表2407　　土工织物防渗体单元工程施工质量验收评定表 ………………………… （68）

　　　　表2407.1　　下垫层和支持层工序施工质量验收评定表 …………………… （69）

　　　　表2407.2　　土工膜备料工序施工质量验收评定表 ………………………… （70）

　　　　表2407.3　　土工膜铺设工序施工质量验收评定表 ………………………… （71）

　　　　表2407.4　　土工膜与刚性建筑物或周边连接处理施工质量验收评定表 …… （72）

　　　　表2407.5　　上垫层工序施工质量验收评定表 …………………………………… （73）

　　　表2408　　格宾网单元工程施工质量验收评定表 …………………………………… （75）

　　　　表2408.1　　格宾网原材料及产品施工质量评定表 ………………………… （76）

　　　　表2408.2　　格宾网组装工序施工质量评定表 …………………………………… （77）

　　　　表2408.3　　格宾网填料、封盖及铺设工序施工质量评定表 …………………… （78）

第3部分　混凝土工程验收评定表

第1章　普通混凝土工程 ………………………………………………………………… （81）

　　　表3101　　普通混凝土单元工程施工质量验收评定表 …………………………… （82）

　　　　表3101.1-1　　普通混凝土基础面施工处理工序施工质量验收评定表 ………… （83）

　　　　表3101.1-2　　普通混凝土施工缝处理工序施工质量验收评定表 ……………… （84）

　　　　表3101.2　　普通混凝土模板制作及安装工序施工质量验收评定表 …………… （85）

　　　　表3101.3　　普通混凝土钢筋制作及安装质量验收评定表 ……………………… （86）

  表3101.4 普通混凝土预埋件制作及安装施工质量验收评定表 ················ (88)

  表3101.5 普通混凝土浇筑工序施工质量验收评定表 ···················· (90)

  表3101.6 普通混凝土外观质量检查工序施工质量验收评定表 ·········· (91)

第2章 预应力混凝土单元工程 ·· (92)

  表3201 预应力混凝土单元工程施工质量验收评定表 ················ (93)

  表3201.1 预应力混凝土基础面或施工缝工序施工质量验收评定表 ······ (94)

  表3201.2 预应力混凝土模板制作及安装工序施工质量验收评定表 ······ (95)

  表3201.3 预应力混凝土钢筋制作及安装工序施工质量验收评定表 ······ (96)

  表3201.4 预应力混凝土预埋件制作及安装工序施工质量验收评定表 ···· (98)

  表3201.5 预应力混凝土浇筑工序施工质量验收评定表 ·············· (100)

  表3201.6 预应力筋孔道预留工序施工质量验收评定表 ·············· (101)

  表3201.7 预应力筋制作及安装工序施工质量验收评定表 ············ (102)

  表3201.8 预应力筋张拉工序施工质量验收评定表 ·················· (103)

  表3201.9 有黏结预应力筋灌浆工序施工质量验收评定表 ············ (104)

  表3201.10 预应力混凝土外观质量检查工序施工质量验收评定表 ······ (105)

第3章 混凝土预制构件安装工程 ·· (106)

  表3301 混凝土预制构件安装工程单元工程施工质量验收评定表 ······ (107)

  表3301.1 混凝土预制构件外观质量检查工序施工质量验收评定表 ······ (108)

  表3301.2 混凝土预制件吊装工序施工质量验收评定表 ·············· (109)

  表3301.3 混凝土预制件接缝及接头处理工序施工质量验收评定表 ······ (111)

第4章 安全监测设施安装工程 ·· (112)

  表3401 安全监测仪器设备安装埋设单元工程施工质量验收评定表 ···· (113)

  表3401.1 安全监测仪器设备检验工序施工质量验收评定表 ·········· (114)

  表3401.2 安全监测仪器安装埋设工序施工质量验收评定表 ·········· (115)

  表3401.3 观测电缆敷设工序施工质量验收评定表 ·················· (116)

  表3402 观测孔(井)单元工程施工质量验收评定表 ················ (117)

  表3402.1 观测孔(井)造孔工序施工质量验收评定表 ··············· (118)

  表3402.2 测压管制作与安装工序施工质量验收评定表 ············· (119)

  表3402.3 观测孔(井)率定工序施工质量验收评定表 ··············· (120)

  表3403 外部变形观测设施垂线安装单元工程施工质量验收评定表 ···· (121)

  表3404 外部变形观测设施引张线安装单元工程施工质量验收评定表 ·· (122)

  表3405 外部变形观测设施视准线安装单元工程施工质量验收评定表 ·· (123)

  表3406 外部变形观测设施激光准直安装单元工程施工质量验收评定表 · (124)

第5章 原材料、中间产品质量检测 ·· (125)

  表3501 混凝土单元工程原材料检验备查表 ······················ (126)

  表3502 混凝土单元工程骨料检验备查表 ························ (127)

  表3503 混凝土拌和物性能检验备查表 ·························· (128)

  表3504 硬化混凝土性能检验备查表 ···························· (129)

第4部分 地基处理与基础工程验收表

第1章 灌浆工程 ·· (133)

  表4101 岩石地基帷幕灌浆单孔及单元工程施工质量验收评定表 ······ (134)

  表4101.1 岩石地基帷幕灌浆单孔钻孔工序施工质量验收评定表 ······ (135)

  表4101.2 岩石地基帷幕灌浆单孔灌浆工序施工质量验收评定表 ······ (136)

 表 4102 岩石地基固结灌浆单孔及单元工程施工质量验收评定表 ·················(137)

  表 4102.1 岩石地基固结灌浆单孔钻孔工序施工质量验收评定表 ·················(138)

  表 4102.2 岩石地基固结灌浆单孔灌浆工序施工质量验收评定表 ·················(139)

 表 4103 覆盖层循环钻灌法地基灌浆单孔及单元工程施工质量验收评定表 ·········(140)

  表 4103.1 覆盖层循环钻灌法地基灌浆单孔钻孔工序施工质量验收评定表 ·········(141)

  表 4103.2 覆盖层循环钻灌法地基灌浆单孔灌浆工序施工质量验收评定表 ·········(142)

 表 4104 覆盖层预埋花管法地基灌浆单孔及单元工程施工质量验收评定表 ·········(143)

  表 4104.1 覆盖层预埋花管法地基灌浆单孔钻孔工序施工质量验收评定表 ·········(144)

  表 4104.2 覆盖层预埋花管法地基灌浆单孔花管下设工序施工质量验收评定表 ·········(145)

  表 4104.3 覆盖层预埋花管法地基灌浆单孔灌浆工序施工质量验收评定表 ·········(146)

 表 4105 隧洞回填灌浆单孔及单元工程施工质量验收评定表 ·················(147)

  表 4105.1 隧洞回填灌浆单孔封堵与钻孔工序施工质量验收评定表 ·················(148)

  表 4105.2 隧洞回填灌浆单孔灌浆工序施工质量验收评定表 ·················(149)

 表 4106 钢衬接触灌浆单孔及单元工程施工质量验收评定表 ·················(150)

  表 4106.1 钢衬接触灌浆单孔钻孔工序施工质量验收评定表 ·················(151)

  表 4106.2 钢衬接触灌浆单孔灌浆工序施工质量验收评定表 ·················(152)

 表 4107 劈裂灌浆单孔及单元工程施工质量验收评定表 ·················(153)

  表 4107.1 劈裂灌浆单孔钻孔工序施工质量验收评定表 ·················(154)

  表 4107.2 劈裂灌浆单孔灌浆工序施工质量验收评定表 ·················(155)

第 2 章 防渗墙工程 ··(156)

 表 4201 混凝土防渗墙单元工程施工质量验收评定表 ·················(157)

  表 4201.1 混凝土防渗墙造孔工序施工质量验收评定表 ·················(158)

  表 4201.2 混凝土防渗墙清孔工序施工质量验收评定表 ·················(159)

  表 4201.3 混凝土防渗墙混凝土浇筑工序施工质量验收评定表 ·················(160)

 表 4202 高压喷射灌浆防渗墙单元工程施工质量验收评定表 ·················(161)

  表 4202.1 高压喷射灌浆防渗墙单孔施工质量验收评定表 ·················(162)

 表 4203 水泥土搅拌防渗墙单元工程施工质量验收评定表 ·················(163)

  表 4203.1 水泥土搅拌防渗墙单桩施工质量验收评定表 ·················(164)

第 3 章 地基排水工程 ··(165)

 表 4301 地基排水孔排水工程单孔及单元工程施工质量验收评定表 ·················(166)

  表 4301.1 地基排水孔排水工程单孔钻孔工序施工质量验收评定表 ·················(167)

  表 4301.2 地基排水孔排水工程单孔孔内及孔口装置安装工序施工质量验收评定表 ···(168)

  表 4301.3 地基排水孔排水工程单孔孔口测试工序施工质量验收评定表 ·················(169)

 表 4302 地基管(槽)网排水单元工程施工质量验收评定表 ·················(170)

  表 4302.1 地基管(槽)网排水铺设基面处理工序施工质量验收评定表 ·················(171)

  表 4302.2 地基管(槽)网排水管(槽)网铺设及保护工序施工质量验收评定表 ·········(172)

第 4 章 支护加固工程 ··(173)

 表 4401 锚喷支护单元工程施工质量验收评定表 ·················(174)

  表 4401.1 锚喷支护锚杆工序施工质量验收评定表 ·················(175)

  表 4401.2 锚喷支护喷混凝土工序施工质量验收评定表 ·················(176)

 表 4402 预应力锚索加固单根及单元工程施工质量验收评定表 ·················(177)

  表 4402.1 预应力锚索加固单根钻孔工序施工质量验收评定表 ·················(178)

  表 4402.2 预应力锚索加固单根锚束制作及安装工序施工质量验收评定表 ·········(179)

  表 4402.3 预应力锚索加固单根外锚头制作工序施工质量验收评定表 ·················(180)

　　　表4402.4　预应力锚索加固单根锚索张拉锁定工序施工质量验收评定表 ……………（181）
　第5章　基础工程 ………………………………………………………………………（182）
　　表4501　钻孔灌注桩工程单桩及单元工程施工质量验收评定表 ……………………（183）
　　　表4501.1　钻孔灌注桩工程单桩钻孔工序施工质量验收评定表 ……………………（184）
　　　表4501.2　钻孔灌注桩工程单桩钢筋笼制作及安装工序施工质量验收评定表 ………（185）
　　　表4501.3　钻孔灌注桩工程单桩混凝土浇筑工序施工质量验收评定表 ……………（186）
　　表4502　振冲法地基加固单元工程施工质量验收评定表 ……………………………（187）
　　　表4502.1　振冲法地基加固工程单桩施工质量验收评定表 …………………………（188）
　　表4503　强夯法地基加固单元工程施工质量验收评定表 ……………………………（189）

第5部分　堤防工程验收评定表

　第1章　筑堤工程 ………………………………………………………………………（193）
　　表5101　堤基清理单元工程施工质量验收评定表 ……………………………………（194）
　　　表5101.1　基面清理工序施工质量验收评定表 ………………………………………（195）
　　　表5101.2　基面平整压实工序施工质量验收评定表 …………………………………（196）
　　表5102　土料碾压筑堤单元工程施工质量验收评定表 ………………………………（197）
　　　表5102.1　土料摊铺工序施工质量验收评定表 ………………………………………（198）
　　　表5102.2　土料碾压工序施工质量验收评定表 ………………………………………（199）
　　表5103　土料吹填筑堤单元工程施工质量验收评定表 ………………………………（200）
　　　表5103.1　围堰修筑工序施工质量验收评定表 ………………………………………（201）
　　　表5103.2　土料吹填工序施工质量验收评定表 ………………………………………（202）
　　表5104　堤身与建筑物结合部填筑单元工程施工质量验收评定表 …………………（203）
　　　表5104.1　建筑物表面涂浆工序施工质量验收评定表 ………………………………（204）
　　　表5104.2　结合部填筑工序施工质量验收评定表 ……………………………………（205）
　第2章　护坡工程 ………………………………………………………………………（206）
　　表5201　防冲体护脚单元工程施工质量验收评定表 …………………………………（207）
　　　表5201.1-1　散抛石护脚工序施工质量验收评定表 …………………………………（208）
　　　表5201.1-2　石笼防冲体制备工序施工质量验收评定表 ……………………………（209）
　　　表5201.1-3　预制件防冲体制备工序施工质量验收评定表 …………………………（210）
　　　表5201.1-4　土工袋(包)防冲体制备工序施工质量验收评定表 …………………（211）
　　　表5201.1-5　柴枕防冲体制备工序施工质量验收评定表 ……………………………（212）
　　　表5201.2　防冲体抛投工序施工质量验收评定表 ……………………………………（213）
　　表5202　沉排护脚单元工程施工质量验收评定表 ……………………………………（214）
　　　表5202.1　沉排锚定工序施工质量验收评定表 ………………………………………（215）
　　　表5202.2-1　旱地或冰上铺设铰链混凝土块沉排铺设工序施工质量验收评定表 …（216）
　　　表5202.2-2　水下铰链混凝土块沉排铺设工序施工质量验收评定表 ………………（217）
　　　表5202.2-3　旱地或冰上土工织物软体沉排铺设工序施工质量验收评定表 ………（218）
　　　表5202.2-4　水下土工织物软体沉排铺设工序施工质量验收评定表 ………………（219）
　　表5203　护坡砂(石)垫层单元工程施工质量验收评定表 …………………………（220）
　　表5204　土工织物铺设单元工程施工质量验收评定表 ………………………………（221）
　　表5205　毛石粗排护坡单元工程施工质量验收评定表 ………………………………（222）
　　表5206　石笼护坡单元工程施工质量验收评定表 ……………………………………（223）
　　表5207　干砌石护坡单元工程施工质量验收评定表 …………………………………（224）
　　表5208　浆砌石护坡单元工程施工质量验收评定表 …………………………………（225）

表 5209　混凝土预制块护坡单元工程施工质量验收评定表 ⋯⋯⋯⋯⋯⋯⋯⋯⋯⋯⋯⋯⋯ (226)

表 5210　现浇混凝土护坡单元工程施工质量验收评定表 ⋯⋯⋯⋯⋯⋯⋯⋯⋯⋯⋯⋯⋯⋯⋯ (227)

表 5211　模袋混凝土护坡单元工程施工质量验收评定表 ⋯⋯⋯⋯⋯⋯⋯⋯⋯⋯⋯⋯⋯⋯⋯ (228)

表 5212　灌砌石护坡单元工程施工质量验收评定表 ⋯⋯⋯⋯⋯⋯⋯⋯⋯⋯⋯⋯⋯⋯⋯⋯⋯⋯ (229)

表 5213　植草护坡单元工程施工质量验收评定表 ⋯⋯⋯⋯⋯⋯⋯⋯⋯⋯⋯⋯⋯⋯⋯⋯⋯⋯⋯⋯ (230)

表 5214　防浪护堤林单元工程施工质量验收评定表 ⋯⋯⋯⋯⋯⋯⋯⋯⋯⋯⋯⋯⋯⋯⋯⋯⋯⋯ (231)

第 3 章　河道疏浚工程 ⋯⋯⋯⋯⋯⋯⋯⋯⋯⋯⋯⋯⋯⋯⋯⋯⋯⋯⋯⋯⋯⋯⋯⋯⋯⋯⋯⋯⋯⋯⋯⋯⋯ (232)

表 5301　河道疏浚单元工程施工质量验收评定表 ⋯⋯⋯⋯⋯⋯⋯⋯⋯⋯⋯⋯⋯⋯⋯⋯⋯⋯⋯⋯ (233)

第 6 部分　水工金属结构安装工程验收表

第 1 章　压力钢管安装工程 ⋯⋯⋯⋯⋯⋯⋯⋯⋯⋯⋯⋯⋯⋯⋯⋯⋯⋯⋯⋯⋯⋯⋯⋯⋯⋯⋯⋯⋯⋯ (237)

表 6101　压力钢管单元工程安装质量验收评定表 ⋯⋯⋯⋯⋯⋯⋯⋯⋯⋯⋯⋯⋯⋯⋯⋯⋯⋯⋯ (238)

表 6101.1　管节安装质量检查表 ⋯⋯⋯⋯⋯⋯⋯⋯⋯⋯⋯⋯⋯⋯⋯⋯⋯⋯⋯⋯⋯⋯⋯⋯⋯ (239)

表 6101.2　焊缝外观质量检查表 ⋯⋯⋯⋯⋯⋯⋯⋯⋯⋯⋯⋯⋯⋯⋯⋯⋯⋯⋯⋯⋯⋯⋯⋯⋯ (241)

表 6101.3　焊缝内部质量检查表 ⋯⋯⋯⋯⋯⋯⋯⋯⋯⋯⋯⋯⋯⋯⋯⋯⋯⋯⋯⋯⋯⋯⋯⋯⋯ (243)

表 6101.4　表面防腐蚀质量检查表 ⋯⋯⋯⋯⋯⋯⋯⋯⋯⋯⋯⋯⋯⋯⋯⋯⋯⋯⋯⋯⋯⋯⋯ (244)

第 2 章　平面闸门安装工程 ⋯⋯⋯⋯⋯⋯⋯⋯⋯⋯⋯⋯⋯⋯⋯⋯⋯⋯⋯⋯⋯⋯⋯⋯⋯⋯⋯⋯⋯⋯ (246)

表 6201　平面闸门埋件单元工程安装质量验收评定表 ⋯⋯⋯⋯⋯⋯⋯⋯⋯⋯⋯⋯⋯⋯⋯ (247)

表 6201.1　平面闸门底槛安装质量检查表 ⋯⋯⋯⋯⋯⋯⋯⋯⋯⋯⋯⋯⋯⋯⋯⋯⋯⋯⋯ (248)

表 6201.2　平面闸门门楣安装质量检查表 ⋯⋯⋯⋯⋯⋯⋯⋯⋯⋯⋯⋯⋯⋯⋯⋯⋯⋯⋯ (249)

表 6201.3　平面闸门主轨安装质量检查表 ⋯⋯⋯⋯⋯⋯⋯⋯⋯⋯⋯⋯⋯⋯⋯⋯⋯⋯⋯ (250)

表 6201.4　平面闸门侧轨安装质量检查表 ⋯⋯⋯⋯⋯⋯⋯⋯⋯⋯⋯⋯⋯⋯⋯⋯⋯⋯⋯ (251)

表 6201.5　平面闸门反轨安装质量检查表 ⋯⋯⋯⋯⋯⋯⋯⋯⋯⋯⋯⋯⋯⋯⋯⋯⋯⋯⋯ (252)

表 6201.6　平面闸门止水板安装质量检查表 ⋯⋯⋯⋯⋯⋯⋯⋯⋯⋯⋯⋯⋯⋯⋯⋯⋯ (253)

表 6201.7　平面闸门护角兼作侧轨安装质量检查表 ⋯⋯⋯⋯⋯⋯⋯⋯⋯⋯⋯⋯⋯ (254)

表 6201.8　平面闸门胸墙安装质量检查表 ⋯⋯⋯⋯⋯⋯⋯⋯⋯⋯⋯⋯⋯⋯⋯⋯⋯⋯⋯ (255)

表 6202　平面闸门门体单元工程安装质量验收评定表 ⋯⋯⋯⋯⋯⋯⋯⋯⋯⋯⋯⋯⋯⋯⋯ (256)

表 6202.1　平面闸门门体安装质量检查表 ⋯⋯⋯⋯⋯⋯⋯⋯⋯⋯⋯⋯⋯⋯⋯⋯⋯⋯⋯ (257)

第 3 章　弧形闸门安装工程 ⋯⋯⋯⋯⋯⋯⋯⋯⋯⋯⋯⋯⋯⋯⋯⋯⋯⋯⋯⋯⋯⋯⋯⋯⋯⋯⋯⋯⋯⋯ (258)

表 6301　弧形闸门埋件单元工程安装质量验收评定表 ⋯⋯⋯⋯⋯⋯⋯⋯⋯⋯⋯⋯⋯⋯⋯ (259)

表 6301.1　弧形闸门底槛安装质量检查表 ⋯⋯⋯⋯⋯⋯⋯⋯⋯⋯⋯⋯⋯⋯⋯⋯⋯⋯⋯ (260)

表 6301.2　弧形闸门门楣安装质量检查表 ⋯⋯⋯⋯⋯⋯⋯⋯⋯⋯⋯⋯⋯⋯⋯⋯⋯⋯⋯ (261)

表 6301.3　弧形闸门侧止水板安装质量检查表 ⋯⋯⋯⋯⋯⋯⋯⋯⋯⋯⋯⋯⋯⋯⋯⋯ (262)

表 6301.4　弧形闸门侧轮导板安装质量检查表 ⋯⋯⋯⋯⋯⋯⋯⋯⋯⋯⋯⋯⋯⋯⋯⋯ (263)

表 6301.5　弧形闸门铰座钢梁及其相关埋件安装质量检查表 ⋯⋯⋯⋯⋯⋯⋯⋯ (264)

表 6302　弧形闸门门体单元工程安装质量验收评定表 ⋯⋯⋯⋯⋯⋯⋯⋯⋯⋯⋯⋯⋯⋯⋯ (265)

表 6302.1　弧形闸门门体安装质量检查表 ⋯⋯⋯⋯⋯⋯⋯⋯⋯⋯⋯⋯⋯⋯⋯⋯⋯⋯⋯ (266)

第 4 章　活动拦污栅安装工程 ⋯⋯⋯⋯⋯⋯⋯⋯⋯⋯⋯⋯⋯⋯⋯⋯⋯⋯⋯⋯⋯⋯⋯⋯⋯⋯⋯⋯ (268)

表 6401　活动式拦污栅单元工程安装质量验收评定表 ⋯⋯⋯⋯⋯⋯⋯⋯⋯⋯⋯⋯⋯⋯⋯ (269)

表 6401.1　活动式拦污栅安装质量检查表 ⋯⋯⋯⋯⋯⋯⋯⋯⋯⋯⋯⋯⋯⋯⋯⋯⋯⋯⋯ (270)

第 5 章　启闭机安装工程 ⋯⋯⋯⋯⋯⋯⋯⋯⋯⋯⋯⋯⋯⋯⋯⋯⋯⋯⋯⋯⋯⋯⋯⋯⋯⋯⋯⋯⋯⋯⋯⋯ (271)

表 6501　大车轨道单元工程安装质量验收评定表 ⋯⋯⋯⋯⋯⋯⋯⋯⋯⋯⋯⋯⋯⋯⋯⋯⋯ (272)

表 6501.1　大车轨道安装质量检查表 ⋯⋯⋯⋯⋯⋯⋯⋯⋯⋯⋯⋯⋯⋯⋯⋯⋯⋯⋯⋯⋯ (273)

表 6502　桥式启闭机单元工程安装质量验收评定表 ⋯⋯⋯⋯⋯⋯⋯⋯⋯⋯⋯⋯⋯⋯⋯⋯ (274)

表 6502.1 桥架和大车行走机构安装质量检查表 ………………………………………… (275)

表 6502.2 小车行走机构安装质量检查表 ……………………………………………… (277)

表 6502.3 制动器安装质量检查表 …………………………………………………… (278)

表 6502.4 桥式启闭机试运行质量检查表 …………………………………………… (279)

表 6503 门式启闭机单元工程安装质量验收评定表 …………………………………… (281)

表 6503.1 门式启闭机门腿安装质量检查表 …………………………………………… (282)

表 6503.2 门式启闭机试运行质量检查表 …………………………………………… (283)

表 6504 固定卷扬式启闭机单元工程安装质量验收评定表 ……………………………… (285)

表 6504.1 固定卷扬式启闭机安装质量检查表 ………………………………………… (286)

表 6504.2 固定卷扬式启闭机试运行质量检查表 ……………………………………… (287)

表 6505 螺杆式启闭机单元工程安装质量验收评定表 ………………………………… (289)

表 6505.1 螺杆式启闭机安装质量检查表 …………………………………………… (290)

表 6505.2 螺杆式启闭机试运行质量检查表 ………………………………………… (291)

表 6506 液压式启闭机单元工程安装质量验收评定表 ………………………………… (292)

表 6506.1 液压式启闭机机械系统机架安装质量检查表 ……………………………… (293)

表 6506.2 液压式启闭机机械系统钢梁与推力支座安装质量检查表 …………………… (294)

表 6506.3 液压式启闭机试运行质量检查表 ………………………………………… (295)

第 7 部分 泵站设备安装工程验收评定表

第 1 章 泵装置与滤水器安装工程 …………………………………………………… (299)

表 7101 立式水泵机组安装单元工程质量验收评定表 ………………………………… (300)

表 7101.1 水泵安装前检查工序质量检查表 ………………………………………… (301)

表 7101.2 机组埋件安装工序质量检查表 …………………………………………… (302)

表 7101.3 机组固定部件安装工序质量检查表 ……………………………………… (303)

表 7101.4 机组转动部件安装工序质量检查表 ……………………………………… (304)

表 7101.5 水泵其他部件安装工序质量检查表 ……………………………………… (305)

表 7101.6 电动机电气检查和试验工序质量检查表 ………………………………… (306)

表 7101.7 电动机安装前检查工序质量检查表 ……………………………………… (307)

表 7101.8 轴瓦研刮与轴承预装工序质量检查表 …………………………………… (308)

表 7101.9 电动机其他部件安装工序质量检查表 …………………………………… (309)

表 7101.10 水泵调节机构安装工序质量检查表 …………………………………… (310)

表 7101.11 充水试验工序质量检查表 …………………………………………… (311)

表 7101.12 泵站机组启动试运行质量检查表 …………………………………… (312)

表 7102 卧式与斜式水泵机组安装单元工程质量验收评定表 ………………………… (313)

表 7102.1 水泵安装前检查工序质量检查表 ………………………………………… (314)

表 7102.2 电动机安装前检查工序质量检查表 ……………………………………… (315)

表 7102.3 卧式与斜式机组固定部件安装工序质量检查表 …………………………… (316)

表 7102.4 卧式与斜式机组转动部件安装工序质量检查表 …………………………… (317)

表 7102.5 电动机电气检查和试验工序质量检查表 ………………………………… (318)

表 7102.6 机组埋件安装工序质量检查表 …………………………………………… (319)

表 7102.7 卧式与斜式轴瓦研刮与轴承装配工序质量检查表 ………………………… (320)

表 7102.8 充水试验工序质量检查表 ……………………………………………… (321)

表 7102.9 泵站机组启动试运行质量检查表 ……………………………………… (322)

表 7103 灯泡贯流式水泵机组安装单元工程质量验收评定表 ………………………… (323)

表 7103.1 水泵安装前检查工序质量检查表 ················ （324）

表 7103.2 电动机安装前检查工序质量检查表 ·············· （325）

表 7103.3 机组埋件安装工序质量检查表 ················ （326）

表 7103.4 机组固定部件安装工序质量检查表 ·············· （327）

表 7103.5 灯泡贯流式机组轴承安装工序质量检查表 ·········· （328）

表 7103.6 灯泡贯流式机组转动部件安装工序质量检查表 ········ （329）

表 7103.7 灯泡贯流式机组其他部件安装工序质量检查表 ········ （330）

表 7103.8 电动机电气检查和试验工序质量检查表 ··········· （331）

表 7103.9 充水试验工序质量检查表 ·················· （332）

表 7103.10 泵站机组启动试运行质量检查表 ·············· （333）

表 7104 离心泵安装单元工程质量验收评定表 ·············· （334）

表 7104.1 离心泵安装单元工程质量检查表 ·············· （335）

表 7104.2 离心泵安装单元工程试运转质量检查表 ··········· （336）

表 7105 水环式真空泵安装单元工程质量验收评定表 ··········· （337）

表 7105.1 水环式真空泵安装单元工程质量检查表 ··········· （338）

表 7105.2 气水分离器安装单元工程质量检查表 ············ （339）

表 7105.3 水环式真空泵安装单元工程试运转质量检查表 ········ （340）

表 7106 深井泵安装单元工程质量验收评定表 ·············· （341）

表 7106.1 深井泵安装单元工程质量检查表 ·············· （342）

表 7106.2 深井泵安装单元工程试运转质量检查表 ··········· （343）

表 7107 潜水泵机组安装单元工程质量验收评定表 ············ （344）

表 7107.1 潜水泵安装单元工程质量检查表 ·············· （345）

表 7107.2 潜水泵安装单元工程试运转质量检查表 ··········· （346）

表 7108 齿轮油泵安装单元工程质量验收评定表 ············· （347）

表 7108.1 齿轮油泵安装单元工程质量检查表 ············· （348）

表 7108.2 齿轮油泵安装单元工程试运转质量检查表 ·········· （349）

表 7109 螺杆油泵安装单元工程质量验收评定表 ············· （350）

表 7109.1 螺杆油泵安装单元工程质量检查表 ············· （351）

表 7109.2 螺杆油泵安装单元工程试运转质量检查表 ·········· （352）

表 7110 滤水器安装单元工程质量验收评定表 ·············· （353）

表 7110.1 滤水器安装单元工程质量检查表 ·············· （354）

表 7110.2 滤水器安装单元工程试运转质量检查表 ··········· （355）

第 2 章 压缩机与通风机安装工程 ···················· （356）

表 7201 空气压缩机安装单元工程质量验收评定表 ············ （357）

表 7201.1 空气压缩机安装单元工程质量检查表 ············ （358）

表 7201.2 空气压缩机附属设备安装单元工程质量检查表 ········ （359）

表 7201.3 空气压缩机安装单元工程试运转质量检查表 ········· （360）

表 7202 离心通风机安装单元工程质量验收评定表 ············ （361）

表 7202.1 离心通风机安装单元工程质量检查表 ············ （362）

表 7202.2 离心通风机安装单元工程试运转质量检查表 ········· （363）

表 7203 轴流通风机安装单元工程质量验收评定表 ············ （364）

表 7203.1 轴流通风机安装单元工程质量检查表 ············ （365）

表 7203.2 轴流通风机安装单元工程试运转质量检查表 ········· （366）

第 3 章　阀门及机组管路安装工程 ……………………………………………………………（367）

　　表 7301　蝴蝶阀安装单元工程质量验收评定表 ………………………………………………（368）

　　　　表 7301.1　蝴蝶阀安装单元工程质量检查表 ……………………………………………（369）

　　表 7302　球阀安装单元工程质量验收评定表 …………………………………………………（370）

　　　　表 7302.1　球阀安装单元工程质量检查表 ………………………………………………（371）

　　表 7303　筒形阀安装单元工程质量验收评定表 ………………………………………………（372）

　　　　表 7303.1　筒形阀安装单元工程质量检查表 ……………………………………………（373）

　　表 7304　伸缩节安装单元工程质量验收评定表 ………………………………………………（374）

　　　　表 7304.1　伸缩节安装单元工程质量检查表 ……………………………………………（375）

　　表 7305　主阀的附件和操作机构安装单元工程质量验收评定表 ……………………………（376）

　　　　表 7305.1　主阀的附件和操作机构安装单元工程质量检查表 …………………………（377）

　　表 7306　机组管路安装单元工程质量验收评定表 ……………………………………………（378）

　　　　表 7306.1　机组管路安装单元工程质量检查表 …………………………………………（379）

第 4 章　水力监测仪表与自动化元件装置安装工程 ……………………………………………（380）

　　表 7401　水力监测仪表（非电量监测）装置安装单元工程质量验收评定表 ………………（381）

　　　　表 7401.1　水力监测仪表、非电量监测装置安装单元工程质量检查表 ………………（382）

　　表 7402　自动化元件（装置）安装单元工程质量验收评定表 ………………………………（383）

　　　　表 7402.1　自动化元件（装置）安装安装单元工程质量检查表 ………………………（384）

第 5 章　水力机械系统管道安装工程 ……………………………………………………………（385）

　　表 7501　水力机械系统管道制作及安装单元工程质量验收评定表 …………………………（386）

　　　　表 7501.1　管道制作及安装质量检查表 …………………………………………………（387）

　　　　表 7501.2　管道、管件焊接质量检查表 …………………………………………………（388）

　　　　表 7501.3　管道埋设质量检查表 …………………………………………………………（389）

　　　　表 7501.4　明管安装质量检查表 …………………………………………………………（390）

　　　　表 7501.5　通风管道制作及安装质量检查表 ……………………………………………（391）

　　　　表 7501.6　阀门、容器、管件及管道系统试验标准检查表 ……………………………（392）

第 6 章　箱、罐及其他容器安装工程 ……………………………………………………………（393）

　　表 7601　箱、罐及其他容器安装单元工程质量验收评定表 ………………………………（394）

　　　　表 7601.1　箱、罐及其他容器安装单元工程质量检查表 ………………………………（395）

第 7 章　起重设备安装工程 ………………………………………………………………………（396）

　　表 7701　起重机轨道与车挡安装单元工程质量验收评定表 ………………………………（397）

　　　　表 7701.1　起重机轨道与车挡安装单元工程质量检查表 ………………………………（398）

　　表 7702　通用桥式起重机安装单元工程质量验收评定表 …………………………………（399）

　　　　表 7702.1　通用桥式起重机安装单元工程质量检查表 …………………………………（400）

　　　　表 7702.2　起重设备安装单元工程试运转质量检查表 …………………………………（402）

　　表 7703　通用门式起重机安装单元工程质量验收评定表 …………………………………（403）

　　　　表 7703.1　通用门式起重机安装单元工程质量检查表 …………………………………（404）

　　　　表 7703.2　起重设备安装单元工程试运转质量检查表 …………………………………（406）

　　表 7704　电动单梁起重机安装单元工程质量验收评定表 …………………………………（407）

　　　　表 7704.1　电动单梁起重机安装单元工程质量检查表 …………………………………（408）

　　　　表 7704.2　起重设备安装单元工程试运转质量检查表 …………………………………（409）

　　表 7705　电动葫芦及轨道安装单元工程质量验收评定表 …………………………………（410）

　　　　表 7705.1　电动葫芦及轨道安装单元工程质量检查表 …………………………………（411）

　　　　表 7705.2　起重设备安装单元工程试运转质量检查表 …………………………………（412）

第8部分　发电电气设备安装工程验收评定表

表8001　六氟化硫(SF₆)断路器安装单元工程质量验收评定表 …………………………………… (415)

  表8001.1　六氟化硫(SF₆)断路器外观质量检查表 …………………………………… (416)

  表8001.2　六氟化硫(SF₆)断路器安装质量检查表 …………………………………… (417)

  表8001.3　六氟化硫(SF₆)气体管理及充注质量检查表 …………………………………… (418)

  表8001.4　六氟化硫(SF₆)断路器电气试验及操作试验质量检查表 …………………………… (419)

表8002　真空断路器安装单元工程质量验收评定表 …………………………………………… (420)

  表8002.1　真空断路器外观质量检查表 …………………………………………… (421)

  表8002.2　真空断路器安装质量检查表 …………………………………………… (422)

  表8002.3　真空断路器电气试验及操作试验质量检查表 ………………………………… (423)

表8003　隔离开关安装单元工程质量验收评定表 ……………………………………………… (424)

  表8003.1　隔离开关外观质量检查表 …………………………………………… (425)

  表8003.2　隔离开关安装质量检查表 …………………………………………… (426)

  表8003.3　隔离开关电气试验及操作试验质量检查表 …………………………………… (427)

表8004　负荷开关及高压熔断器安装单元工程质量验收评定表 ……………………………… (428)

  表8004.1　负荷开关及高压熔断器外观质量检查表 …………………………………… (429)

  表8004.2　负荷开关及高压熔断器安装质量检查表 …………………………………… (430)

  表8004.3　负荷开关及高压熔断器电气试验及操作试验质量检查表 ……………………… (432)

表8005　互感器安装单元工程质量验收评定表 ……………………………………………… (433)

  表8005.1　互感器外观质量检查表 …………………………………………… (434)

  表8005.2　互感器安装质量检查表 …………………………………………… (435)

  表8005.3　互感器电气试验质量检查表 ………………………………………… (436)

表8006　电抗器与消弧线圈安装单元工程质量验收评定表 …………………………………… (437)

  表8006.1　电抗器与消弧线圈外观质量检查表 ………………………………………… (438)

  表8006.2　电抗器安装质量检查表 …………………………………………… (439)

  表8006.3　消弧线圈安装质量检查表 …………………………………………… (440)

  表8006.4　电抗器电气试验质量检查表 ………………………………………… (441)

  表8006.5　消弧线圈电气试验质量检查表 ……………………………………… (442)

表8007　避雷器安装单元工程质量验收评定表 ……………………………………………… (443)

  表8007.1　金属氧化物避雷器外观质量检查表 ………………………………………… (444)

  表8007.2　金属氧化物避雷器安装质量检查表 ………………………………………… (445)

  表8007.3　金属氧化物避雷器电气试验质量检查表 …………………………………… (446)

表8008　高压开关柜安装单元工程质量验收评定表 ………………………………………… (447)

  表8008.1　高压开关柜外观质量检查表 ………………………………………… (448)

  表8008.2　高压开关柜安装质量检查表 ………………………………………… (449)

  表8008.3-1　六氟化硫(SF₆)断路器电气试验及操作试验质量检查表 …………………… (450)

  表8008.3-2　真空断路器电气试验及操作试验质量检查表 …………………………… (451)

  表8008.3-3　隔离开关电气试验及操作试验质量检查表 ……………………………… (452)

  表8008.3-4　负荷开关及高压熔断器电气试验及操作试验质量检查表 ………………… (453)

  表8008.3-5　互感器电气试验质量检查表 ……………………………………… (454)

  表8008.3-6　电抗器电气试验质量检查表 ……………………………………… (455)

  表8008.3-7　消弧线圈电气试验质量检查表 …………………………………… (456)

表 8008.3-8　避雷器电气试验质量检查表 ································ （457）

表 8009　厂用变压器安装单元工程质量验收评定表 ················· （458）

表 8009.1　厂用变压器外观及器身质量检查表 ····················· （459）

表 8009.2-1　厂用干式变压器本体及附件安装质量检查表 ········· （461）

表 8009.2-2　厂用油浸变压器本体及附件安装质量检查表 ········· （462）

表 8009.3　厂用变压器电气试验质量检查表 ······················· （464）

表 8010　低压配电盘及低压电器安装单元工程质量验收评定表 ··· （466）

表 8010.1　低压配电盘基础及本体安装质量检查表 ··············· （467）

表 8010.2　低压配电盘配线及低压电器安装质量检查表 ··········· （469）

表 8010.3　低压配电盘及低压电器电气试验质量检查表 ··········· （471）

表 8011　电缆线路安装单元工程质量验收评定表 ··················· （472）

表 8011.1　电缆支架安装质量检查表 ······························· （473）

表 8011.2　电缆管制作及敷设质量检查表 ·························· （474）

表 8011.3　控制电缆敷设质量检查表 ······························· （475）

表 8011.4　35 kV 以下电力电缆敷设质量检查表 ·················· （477）

表 8011.5　35 kV 以下电力电缆电气试验质量检查表 ············· （479）

表 8012　金属封闭母线装置安装单元工程质量验收评定表 ········· （480）

表 8012.1　金属封闭母线装置外观及安装前检查质量检查表 ······ （481）

表 8012.2　金属封闭母线装置安装质量检查表 ····················· （482）

表 8012.3　金属封闭母线装置电气试验质量检查表 ················· （484）

表 8013　接地装置安装单元工程质量验收评定表 ··················· （485）

表 8013.1　接地体安装质量检查表 ································· （486）

表 8013.2　接地装置敷设连接质量检查表 ·························· （487）

表 8013.3　接地装置接地阻抗测试质量检查表 ····················· （489）

表 8014　控制保护装置安装单元工程质量验收评定表 ············· （490）

表 8014.1　控制盘、柜安装质量检查表 ····························· （491）

表 8014.2　控制盘、柜电器安装质量检查表 ························ （492）

表 8014.3　控制保护装置二次回路接线质量检查表 ················· （493）

表 8015　计算机监控系统安装单元工程质量验收评定表 ··········· （495）

表 8015.1　计算机监控系统设备安装质量检查表 ··················· （496）

表 8015.2　计算机监控系统盘、柜电器安装质量检查表 ············· （498）

表 8015.3　计算机监控系统二次回路接线质量检查表 ············· （499）

表 8015.4　计算机监控系统模拟动作试验质量检查表 ············· （501）

表 8016　直流系统安装单元工程质量验收评定表 ··················· （504）

表 8016.1　直流系统盘、柜安装质量检查表 ························ （505）

表 8016.2　直流系统盘、柜安装质量检查表 ························ （506）

表 8016.3　直流系统二次回路接线质量检查表 ····················· （507）

表 8016.4　蓄电池安装前质量检查表 ······························· （509）

表 8016.5　蓄电池安装质量检查表 ································· （510）

表 8016.6　蓄电池充放电质量检查表 ······························· （511）

表 8016.7　不间断电源装置（UPS）试验及运行质量检查表 ········ （512）

表 8016.8　高频开关充电装置试验及运行质量检查表 ············· （513）

表 8017　电气照明装置安装单元工程质量验收评定表 ············· （514）

表 8017.1　配管及敷设质量检查表 ································· （515）

表8017.2　电气照明装置配线质量检查表 ………………………………………………………………（516）

表8017.3　照明配电箱安装质量检查表 ……………………………………………………………………（517）

表8017.4　灯器具安装质量检查表 …………………………………………………………………………（518）

表8018　通信系统安装单元工程质量验收评定表 ……………………………………………………………（520）

表8018.1　通信系统一次设备安装质量检查表 …………………………………………………………（521）

表8018.2　通信系统防雷接地系统安装质量检查表 ……………………………………………………（522）

表8018.3　通信系统微波天线及馈线安装质量检查表 …………………………………………………（525）

表8018.4　通信系统同步数字体系（SDH）传输设备安装质量检查表 ………………………………（527）

表8018.5　通信系统载波机及微波设备安装质量检查表 ………………………………………………（530）

表8018.6　通信系统脉冲编码调制设备（PCM）安装质量检查表 ……………………………………（531）

表8018.7　程控交换机安装质量检查表 …………………………………………………………………（532）

表8018.8　电力数字调度交换机安装质量检查表 ………………………………………………………（533）

表8018.9　站内光纤复合架空地线（OPGW）电力光缆线路安装质量检查表 ………………………（535）

表8018.10　全介质自承式光缆（ADSS）电力光缆线路安装质量检查表 ……………………………（537）

表8019　起重设备电气装置安装单元工程质量验收评定表 …………………………………………………（539）

表8019.1　起重设备电气装置外部电气设备安装质量检查表 …………………………………………（540）

表8019.2　分段供电滑接线、安全式滑接线安装质量检查表 …………………………………………（543）

表8019.3　起重设备电气装置配线安装质量检查表 ……………………………………………………（544）

表8019.4　起重设备电气设备保护装置安装质量检查表 ………………………………………………（545）

表8019.5　起重设备电气装置变频调速装置安装质量检查表 …………………………………………（547）

表8019.6　起重设备电气装置电气试验质量检查表 ……………………………………………………（548）

表8020　架空线路与杆上设备安装单元工程质量验收评定表 ………………………………………………（549）

表8020.1　架空线路与杆上设备安装质量检查表 ………………………………………………………（550）

表8020.2　电气设备试运行质量检查表 …………………………………………………………………（552）

表8021　柴油发电机组安装单元工程质量验收评定表 ………………………………………………………（554）

表8021.1　柴油发电机组安装质量检查表 ………………………………………………………………（555）

第9部分　升压变电电气设备安装工程验收评定表

表9001　主变压器安装单元工程质量验收评定表 ……………………………………………………………（559）

表9001.1　主变压器外观及器身检查质量检查表 ………………………………………………………（560）

表9001.2　主变压器本体及附件安装质量检查表 ………………………………………………………（562）

表9001.3　主变压器注油及密封质量检查表 ……………………………………………………………（564）

表9001.4　主变压器电气试验质量检查表 ………………………………………………………………（565）

表9001.5　主变压器试运行质量检查表 …………………………………………………………………（568）

表9002　六氟化硫（SF$_6$）断路器安装单元工程质量验收评定表 …………………………………………（570）

表9002.1　六氟化硫（SF$_6$）断路器外观质量检查表 ……………………………………………………（571）

表9002.2　六氟化硫（SF$_6$）断路器安装质量检查表 ……………………………………………………（572）

表9002.3　六氟化硫（SF$_6$）气体管理及充注质量检查表 ………………………………………………（574）

表9002.4　六氟化硫（SF$_6$）断路器电气试验及操作试验质量检查表 …………………………………（575）

表9003　气体绝缘金属封闭开关设备安装单元工程质量验收评定表 ………………………………………（577）

表9003.1　GIS外观质量检查表 …………………………………………………………………………（578）

表9003.2　GIS安装质量检查表 …………………………………………………………………………（579）

表9003.3　六氟化硫（SF$_6$）气体管理及充注质量检查表 ………………………………………………（581）

表9003.4　GIS电气试验及操作试验质量检查表 ………………………………………………………（582）

表 9004　隔离开关安装单元工程质量验收评定表 ················ （583）

　　表 9004.1　隔离开关外观质量检查表 ················ （584）

　　表 9004.2　隔离开关安装质量检查表 ················ （585）

　　表 9004.3　隔离开关电气试验与操作试验质量检查表 ················ （587）

表 9005　互感器安装单元工程质量验收评定表 ················ （588）

　　表 9005.1　互感器外观质量检查表 ················ （589）

　　表 9005.2　互感器安装质量检查表 ················ （590）

　　表 9005.3　互感器电气试验质量检查表 ················ （591）

表 9006　金属氧化物避雷器和中性点放电间隙安装单元工程质量验收评定表 ················ （593）

　　表 9006.1　金属氧化物避雷器外观质量检查表 ················ （594）

　　表 9006.2-1　金属氧化物避雷器安装质量检查表 ················ （595）

　　表 9006.2-2　中性点放电间隙安装质量检查表 ················ （596）

　　表 9006.3　金属氧化物避雷器电气试验质量检查表 ················ （597）

表 9007　软母线装置安装单元工程质量验收评定表 ················ （598）

　　表 9007.1　软母线装置外观质量检查表 ················ （599）

　　表 9007.2　母线架设质量检查表 ················ （600）

　　表 9007.3　软母线装置电气试验质量检查表 ················ （602）

表 9008　管形母线装置安装单元工程质量验收评定表 ················ （603）

　　表 9008.1　管形母线外观质量检查表 ················ （604）

　　表 9008.2　母线安装质量检查表 ················ （605）

　　表 9008.3　管形母线装置电气试验质量检查表 ················ （607）

表 9009　电力电缆安装单元工程质量验收评定表 ················ （608）

　　表 9009.1　电力电缆支架安装质量检查表 ················ （609）

　　表 9009.2　电力电缆敷设质量检查表 ················ （610）

　　表 9009.3　终端头和电缆接头制作质量检查表 ················ （612）

　　表 9009.4　电气试验质量检查表 ················ （613）

表 9010　厂区馈电线路架设单元工程质量验收评定表 ················ （614）

　　表 9010.1　立杆质量检查表 ················ （615）

　　表 9010.2　馈电线路架设及电杆上电气设备安装质量检查表 ················ （617）

　　表 9010.3　厂区馈电线路电气试验质量检查表 ················ （619）

第 10 部分　信息自动化工程验收评定表

表 10001　计算机监控系统传感器安装单元工程质量验收评定表 ················ （623）

　　表 10001.1　自动化设备（仪表）等外观质量检查表 ················ （624）

　　表 10001.2　传感器安装质量检查表 ················ （625）

　　表 10001.3　自动化试运行检验评定表 ················ （626）

表 10002　计算机监控系统现地控制安装单元工程质量验收评定表 ················ （627）

　　表 10002.1　自动化设备（仪表）等外观质量检查表 ················ （628）

　　表 10002.2　现地控制安装质量检查表 ················ （629）

　　表 10002.3　自动化试运行检验评定表 ················ （631）

表 10003　计算机监控系统电缆安装单元工程质量验收评定表 ················ （632）

　　表 10003.1　自动化设备（仪表）等外观质量检查表 ················ （633）

　　表 10003.2　电缆安装质量检查表 ················ （634）

表 10004　计算机监控系统站控硬件安装单元工程质量验收评定表 ················ （635）

表 10004.1 自动化设备(仪表)等外观质量检查表 ·················· (636)

表 10004.2 站控硬件安装质量检查表 ························· (637)

表 10004.3 自动化试运行检验评定表 ························· (638)

表 10005 计算机监控系统站控软件单元工程质量验收评定表 ············ (639)

表 10005.1 站控软件质量检查表 ··························· (640)

表 10005.2 自动化试运行检验评定表 ························· (642)

表 10006 计算机监控系统显示设备安装单元工程质量验收评定表 ········· (643)

表 10006.1 自动化设备(仪表)等外观质量检查表 ·················· (644)

表 10006.2 显示设备安装质量检查表 ························· (645)

表 10006.3 自动化试运行检验评定表 ························· (646)

表 10007 视频系统视频前端设备和视频主机安装单元工程质量验收评定表 ··· (647)

表 10007.1 自动化设备(仪表)等外观质量检查表 ·················· (648)

表 10007.2 频前端设备和视频主机安装质量检查表 ················· (649)

表 10007.3 自动化试运行检验评定表 ························· (651)

表 10008 视频系统电缆安装单元工程质量验收评定表 ··············· (652)

表 10008.1 自动化设备(仪表)等外观质量检查表 ·················· (653)

表 10008.2 视频电缆安装质量检查表 ························· (654)

表 10009 视频系统显示设备安装单元工程质量验收评定表 ············· (655)

表 10009.1 自动化设备(仪表)等外观质量检查表 ·················· (656)

表 10009.2 视频系统显示设备安装质量检查表 ···················· (657)

表 10009.3 自动化试运行检验评定表 ························· (658)

表 10010 安全监测系统测量控制设备安装单元工程质量验收评定表 ······· (659)

表 10010.1 自动化设备(仪表)等外观质量检查表 ·················· (660)

表 10010.2 测量控制设备安装质量检查表 ······················ (661)

表 10010.3 自动化试运行检验评定表 ························· (662)

表 10011 安全监测系统中心站设备安装单元工程质量验收评定表 ········· (663)

表 10011.1 自动化设备(仪表)等外观质量检查表 ·················· (664)

表 10011.2 中心站设备安装质量检查表 ······················· (665)

表 10011.3 自动化试运行检验评定表 ························· (666)

表 10012 计算机网络系统综合布线单元工程质量验收评定表 ··········· (667)

表 10012.1 自动化设备(仪表)等外观质量检查表 ·················· (668)

表 10012.2 综合布线质量检查表 ··························· (669)

表 10013 计算机网络系统网络设备安装单元工程质量验收评定表 ········· (671)

表 10013.1 自动化设备(仪表)等外观质量检查表 ·················· (672)

表 10013.2 网络设备安装质量检查表 ························· (673)

表 10013.3 自动化试运行检验评定表 ························· (674)

表 10014 信息管理系统硬件安装单元工程质量验收评定表 ············· (675)

表 10014.1 自动化设备(仪表)等外观质量检查表 ·················· (676)

表 10014.2 信息管理系统硬件安装质量检查表 ···················· (677)

表 10014.3 自动化试运行检验评定表 ························· (678)

表 10015 信息管理系统软件单元工程质量验收评定表 ··············· (679)

表 10015.1 信息管理系统软件质量检查表 ······················ (680)

第 11 部分 管道工程验收评定表

表 11001　管道沟槽开挖单元工程施工质量验收评定表 ……………………………………（683）
表 11002　管道沟槽撑板、钢板桩支撑施工质量验收评定表 ………………………………（684）
表 11003　管道基础单元工程施工质量验收评定表 …………………………………………（685）
表 11004　DIP（钢）管管道沟槽回填单元工程施工质量验收评定表 ………………………（686）
表 11005　PCCP 管管道沟槽回填单元工程施工质量验收评定表 …………………………（687）
表 11006　DIP 管管道安装单元工程施工质量验收评定表 …………………………………（688）
　表 11006.1　DIP 管管道接口连接工序施工质量验收评定表 ……………………………（689）
　表 11006.2　DIP 管管道铺设工序施工质量验收评定表 …………………………………（690）
表 11007　PCCP 管管道安装单元工程施工质量验收评定表 ………………………………（691）
　表 11007.1　PCCP 管管道安装工序质量检查表 …………………………………………（692）
　表 11007.2　PCCP 管管道外接缝处理工序质量检查表 …………………………………（693）
　表 11007.3　PCCP 管管道内接缝处理工序质量检查表 …………………………………（694）
表 11008　钢管管道安装单元工程施工质量验收评定表 ……………………………………（695）
　表 11008.1　钢管管道接口连接工序施工质量验收评定表 ………………………………（696）
　表 11008.2　管道铺设工序施工质量验收评定表 …………………………………………（697）
　表 11008.3　钢管管道内防腐层工序施工质量验收评定表 ………………………………（698）
　表 11008.4　钢管管道外防腐层工序施工质量验收评定表 ………………………………（699）
表 11009　钢管管道阴极保护单元工程施工质量验收评定表 ………………………………（701）
表 11010　沉管基槽浚挖及管基处理单元工程施工质量验收评定表 ………………………（703）
表 11011　组对拼装管道（段）沉放单元工程施工质量验收评定表 …………………………（704）
表 11012　沉管稳管及回填单元工程施工质量验收评定表 …………………………………（705）
表 11013　桥管管道单元工程施工质量验收评定表 …………………………………………（706）

第 12 部分 公路工程验收评定表

表 12001　土方路基单元工程施工质量验收评定表 …………………………………………（711）
表 12002　石方路基单元工程施工质量验收评定表 …………………………………………（712）
表 12003　浆砌石水沟单元工程施工质量验收评定表 ………………………………………（713）
表 12004　混凝土路面面层单元工程施工质量验收评定表 …………………………………（714）
表 12005　水泥稳定基层单元工程施工质量验收评定表 ……………………………………（715）
表 12006　水泥稳定碎石基层单元工程施工质量验收评定表 ………………………………（716）
　表 12006.1　水泥稳定碎石基层摊铺工序施工质量验收评定表 …………………………（717）
　表 12006.2　水泥稳定碎石基层碾压工序施工质量验收评定表 …………………………（718）
表 12007　路缘石铺设单元工程施工质量验收评定表 ………………………………………（719）
表 12008　交通标志单元工程施工质量验收评定表 …………………………………………（720）
表 12009　交通标线单元工程施工质量验收评定表 …………………………………………（721）
表 12010　泥结碎石路面单元工程施工质量验收评定表 ……………………………………（722）
　表 12010.1　泥结碎石路面层摊铺工序施工质量验收评定表 ……………………………（723）
　表 12010.2　泥结碎石路面层碾压工序施工质量验收评定表 ……………………………（724）
表 12011　灯柱安装单元工程施工质量验收评定表 …………………………………………（725）
表 12012　铺砌式面砖单元工程施工质量验收评定表 ………………………………………（726）

第 13 部分　房屋建筑工程验收评定表

表 13001　砖砌体单元工程施工质量验收评定表 ……………………………………………………（729）

表 13002　填充墙砌体单元工程施工质量验收评定表 …………………………………………………（731）

表 13003　屋面单元工程施工质量验收评定表 …………………………………………………………（733）

　　表 13003.1　屋面找坡层（找平层）工序施工质量验收评定表 ……………………………………（734）

　　表 13003.2　屋面板状材料保温层工序施工质量验收评定表 ………………………………………（735）

　　表 13003.3　屋面纤维材料保温层工序施工质量验收评定表 ………………………………………（736）

　　表 13003.4　屋面喷涂硬泡聚氨酯材料保温层工序施工质量验收评定表 …………………………（737）

　　表 13003.5　屋面卷材防水层工序施工质量验收评定表 ……………………………………………（738）

　　表 13003.6　屋面细部构造工序施工质量验收评定表 ………………………………………………（739）

表 13004　屋面金属板铺装单元工程施工质量验收评定表 ……………………………………………（740）

表 13005　暗龙骨吊顶单元工程施工质量验收评定表 …………………………………………………（741）

表 13006　门窗玻璃安装单元工程施工质量验收评定表 ………………………………………………（743）

表 13007　木门窗单元工程施工质量验收评定表 ………………………………………………………（744）

　　表 13007.1　木门窗制作工序施工质量验收评定表 …………………………………………………（745）

　　表 13007.2　木门窗安装工序施工质量验收评定表 …………………………………………………（747）

表 13008　铝合金门窗安装单元工程施工质量验收评定表 ……………………………………………（749）

表 13009　特种门安装单元工程施工质量验收评定表 …………………………………………………（751）

表 13010　饰面砖粘贴安装单元工程施工质量验收评定表 ……………………………………………（752）

表 13011　一般抹灰单元工程施工质量验收评定表 ……………………………………………………（754）

表 13012　水性涂料涂饰单元工程施工质量验收评定表 ………………………………………………（756）

表 13013　溶剂型涂料涂饰单元工程施工质量验收评定表 ……………………………………………（758）

表 13014　美术涂饰单元工程施工质量验收评定表 ……………………………………………………（760）

表 13015　钢结构单元工程施工质量验收评定表 ………………………………………………………（761）

　　表 13015.1　钢结构（钢构件焊接）工序施工质量验收评定表 ……………………………………（762）

　　表 13015.2　钢结构（焊钉焊接）工序施工质量验收评定表 ………………………………………（763）

　　表 13015.3　钢结构（普通紧固件链接）工序施工质量验收评定表 ………………………………（764）

　　表 13015.4　钢结构（高强度螺栓连接）工序施工质量验收评定表 ………………………………（765）

　　表 13015.5　钢结构（零件及部件加工）工序施工质量验收评定表 ………………………………（766）

　　表 13015.6　钢结构（构件组装）工序施工质量验收评定表 ………………………………………（767）

　　表 13015.7　钢结构（预拼装）工序施工质量验收评定表 …………………………………………（768）

　　表 13015.8　钢结构（单层结构安装）工序施工质量验收评定表 …………………………………（769）

　　表 13015.9　钢结构（多层及高层结构安装）工序施工质量验收评定表 …………………………（770）

　　表 13015.10　钢结构（压型金属板）工序施工质量验收评定表 …………………………………（771）

　　表 13015.11　钢结构（网架结构安装）工序施工质量验收评定表 ………………………………（772）

　　表 13015.12　钢结构（防腐涂料涂装）工序施工质量验收评定表 ………………………………（773）

　　表 13015.13　钢结构（防火涂料涂装）工序施工质量验收评定表 ………………………………（774）

表 13016　碎石垫层和碎砖垫层单元工程施工质量验收评定表 ………………………………………（775）

表 13017　水泥混凝土垫层单元工程施工质量验收评定表 ……………………………………………（776）

表 13018　地面（水泥混凝土面层）单元工程施工质量验收评定表 …………………………………（777）

表 13019　地面（砖面层）单元工程施工质量验收评定表 ……………………………………………（779）

表 13020　地面（活动地板面层）单元工程施工质量验收评定表 ……………………………………（781）

表 13021　地面（自流平面层）单元工程施工质量验收评定表 ………………………………………（782）

表 13022　护栏和扶手制作与安装单元工程施工质量验收评定表 ……………………… （783）
表 13023　金属栏杆安装单元工程施工质量验收评定表 ……………………………… （784）
表 13024　石材栏杆安装单元工程施工质量验收评定表 ……………………………… （785）
表 13025　钢爬梯制作与安装单元工程施工质量验收评定表 ………………………… （786）

第 14 部分　水情、水文设施安装验收评定表

表 14001　浮子水位计安装单元工程安装质量验收评定表 …………………………… （789）
　表 14001.1　浮子水位计安装单元工程安装质量检查表 …………………………… （790）
　表 14001.2　浮子水位计安装单元工程试运转质量检查表 ………………………… （791）
表 14002　雷达式水位计安装单元工程安装质量验收评定表 ………………………… （792）
　表 14002.1　雷达式水位计安装单元工程安装质量检查表 ………………………… （793）
　表 14002.2　雷达式水位计安装单元工程试运转质量检查表 ……………………… （794）
表 14003　翻斗式雨量计安装单元工程安装质量验收评定表 ………………………… （795）
　表 14003.1　翻斗式雨量计安装单元工程安装质量检查表 ………………………… （796）
　表 14003.2　翻斗式雨量计安装单元工程试运转质量检查表 ……………………… （797）
表 14004　气泡水位计安装单元工程安装质量验收评定表 …………………………… （798）
　表 14004.1　气泡水位计安装单元工程安装质量检查表 …………………………… （799）
　表 14004.2　气泡水位计安装单元工程试运转质量检查表 ………………………… （800）

第 15 部分　绿化工程验收评定表

表 15001　路侧绿化单元工程施工质量验收评定表 …………………………………… （803）
表 15002　草坪花卉栽植单元工程施工质量验收评定表 ……………………………… （804）
表 15003　苗木种植单元工程施工质量验收评定表 …………………………………… （805）

第 16 部分　水土保持工程验收评定表

表 16001　项目划分表 …………………………………………………………………… （809）
表 16002　水平梯田工程单元工程质量评定表 ………………………………………… （810）
表 16003　水平阶整地单元工程质量评定表 …………………………………………… （811）
表 16004　水平沟整地单元工程质量评定表 …………………………………………… （812）
表 16005　鱼鳞坑整地单元工程质量评定表 …………………………………………… （813）
表 16006　大型果树坑整地单元工程质量评定表 ……………………………………… （814）
表 16007　水土保持林(乔木林、灌木林、经济林)单元工程质量评定表 …………… （815）
表 16008　果园单元工程质量评定表 …………………………………………………… （816）
表 16009　人工种草单元工程质量评定表 ……………………………………………… （817）
表 16010　封禁治理单元工程质量评定表 ……………………………………………… （818）
表 16011　等高埂(篱)单元工程质量评定表　………………………………………… （819）
表 16012　沟头防护单元工程质量评定表 ……………………………………………… （820）
表 16013　谷坊单元工程质量评定表　………………………………………………… （821）
表 16014　塘(堰)坝单元工程质量评定表　…………………………………………… （822）
表 16015　护岸单元工程质量评定表 …………………………………………………… （823）
表 16016　渠道单元工程质量评定表 …………………………………………………… （824）
表 16017　截(排)水沟单元工程质量评定表 ………………………………………… （825）
表 16018　蓄水池单元工程质量评定表 ………………………………………………… （826）

表 16019　沉沙池单元工程质量评定表 …………………………………………………………（827）

表 16020　标准径流小区单元工程质量评定表 …………………………………………………（828）

表 16021　水蚀控制站单元工程质量评定表 ……………………………………………………（829）

第 17 部分　其　他

表 17001　隐蔽工程检查验收记录 ………………………………………………………………（833）

表 17002　工序/单元工程施工质量报验单 ………………………………………………………（834）

表 17003　混凝土浇筑开仓报审表 ………………………………………………………………（835）

表 17004　混凝土施工配料通知单 ………………………………………………………………（836）

表 17005　普通混凝土基础面处理工序施工质量三检表(样表) ………………………………（837）

表 17006　普通混凝土施工缝处理工序施工质量三检表(样表) ………………………………（838）

表 17007　普通混凝土模板制作及安装工序施工质量三检表(样表) …………………………（839）

表 17008　普通混凝土钢筋制作及安装工序施工质量三检表(样表) …………………………（840）

表 17009　普通混凝土预埋件制作及安装工序施工质量三检表(样表) ………………………（842）

表 17010　普通混凝土浇筑工序施工质量三检表(样表) ………………………………………（844）

表 17011　普通混凝土外观质量检查工序施工质量三检表(样表) ……………………………（845）

表 17012　金属片止水油浸试验记录表 …………………………………………………………（846）

表 17013　混凝土浇筑记录表 ……………………………………………………………………（847）

表 17014　混凝土养护记录表 ……………………………………………………………………（848）

表 17015　混凝土结构拆模记录 …………………………………………………………………（849）

表 17016　锚杆钻孔质量检查记录表 ……………………………………………………………（850）

表 17017　喷护混凝土厚度检查记录表 …………………………………………………………（851）

表 17018　管棚、超前小导管灌浆施工记录表 …………………………………………………（852）

表 17019　管棚、超前小导管钻孔施工记录表 …………………………………………………（853）

表 17020　管道安装施工记录表 …………………………………………………………………（854）

表 17021　DIP 管安装接口质量检查记录表 ……………………………………………………（855）

表 17022　PCCP 管安装接口质量检查记录表 …………………………………………………（856）

表 17023　PCCP 管接口打压记录表 ……………………………………………………………（857）

表 17024　牺牲阳极埋设检测记录表 ……………………………………………………………（858）

表 17025　牺牲阳极测试系统安装检查记录表 …………………………………………………（859）

表 17026　钢管防腐电火花记录表 ………………………………………………………………（860）

表 17027　压力管道水压试验(注水法)记录表 …………………………………………………（861）

表 17028　构筑物满水试验记录表 ………………………………………………………………（862）

第9部分

升压变电电气设备安装工程验收评定表

表9001　主变压器安装单元工程质量验收评定表

表9002　六氟化硫(SF₆)断路器安装单元工程质量验收评定表

表9003　气体绝缘金属封闭开关设备安装单元工程质量验收评定表

表9004　隔离开关安装单元工程质量验收评定表

表9005　互感器安装单元工程质量验收评定表

表9006　金属氧化物避雷器和中性点放电间隙安装单元工程质量验收评定表

表9007　软母线装置安装单元工程质量验收评定表

表9008　管形母线装置安装单元工程质量验收评定表

表9009　电力电缆安装单元工程质量验收评定表

表9010　厂区馈电线路架设单元工程质量验收评定表

_____工程

表 9001　主变压器安装单元工程质量验收评定表

单位工程名称			单元工程量	
分部工程名称			安装单位	
单元工程名称、部位			评定日期	
项目			检验结果	
主变压器外观及器身检查	主控项目			
	一般项目			
主变压器本体及附件安装	主控项目			
	一般项目			
主变压器注油及密封	主控项目			
主变压器电气试验	主控项目			
	一般项目			
主变压器试运行	主控项目			
安装单位自评意见		安装质量检验主控项目_____项,全部符合SL 639—2013质量要求;一般项目_____项,与SL 639—2013有微小出入的_____项,所占比率为_____%。质量要求操作试验或试运行符合SL 639—2013的要求,操作试验或试运行_____出现故障。 单元工程安装质量等级评定为:_____。 　　　　　　　　　　　　　　　　(签字,加盖公章)　　　年　月　日		
监理单位复核意见		安装质量检验主控项目_____项,全部符合SL 639—2013质量要求;一般项目_____项,与SL 639—2013有微小出入的_____项,所占比率为_____%。质量要求操作试验或试运行符合SL 639—2013的要求,操作试验或试运行_____出现故障。 单元工程安装质量等级评定为:_____。 　　　　　　　　　　　　　　　　(签字,加盖公章)　　　年　月　日		

_____工程

表 9001.1　主变压器外观及器身检查质量检查表

编号:_____

分部工程名称				单元工程名称	
安装内容					
安装单位				开/完工日期	

项次		检验项目	质量要求	检验结果	检验人(签字)
主控项目	1	器身	(1)各部位无油泥、金属屑等杂质; (2)各部件无损伤、变形、无移动; (3)所有螺栓紧固并有防松措施;绝缘螺栓无损坏,防松绑扎完好; (4)绝缘围屏(若有)绑扎应牢固,线圈引出处封闭符合产品技术文件要求		
	2	铁芯	(1)外观无碰伤变形,铁轭与夹件间的绝缘垫完好; (2)铁芯一点接地; (3)铁芯各紧固件紧固,无松动; (4)铁芯绝缘合格		
	3	绕组	(1)绕组裸导体外观无毛刺、尖角、断股、断片、拧弯,焊接符合要求,绝缘层完整,无缺损、变位; (2)各绕组线圈排列整齐、间隙均匀,油路畅通(有绝缘围屏者除外)无异物; (3)压钉紧固,防松螺母锁紧; (4)高压应力锥、均压屏蔽罩(500 kV 高压侧)完好,无损伤; (5)绕组绝缘电阻值不低于出厂值的70%		
	4	引出线	(1)绝缘包扎牢固,无破损、拧弯; (2)固定牢固,绝缘距离符合设计要求; (3)裸露部分无毛刺或尖角,焊接良好; (4)与套管接线正确,连接牢固		

续表 9001.1

项次		检验项目	质量要求	检验结果	检验人(签字)
主控项目	5	调压切换装置	(1)无励磁调压切换装置各分接头与线圈连接紧固、正确,接点接触紧密、弹性良好,切换装置拉杆、分接头凸轮等完整无损,转动盘动作灵活,密封良好,指示器指示正确; (2)有载调压切换装置的分接开关、切换开关接触良好,位置显示一致,分接引线连接牢固、正确,切换开关部分密封良好		
一般项目	1	到货检查	(1)油箱及所有附件齐全,无锈蚀或机械损伤,密封良好; (2)各连接部位螺栓齐全,紧固良好; (3)套管包装完好,表面无裂纹、伤痕、充油套管无渗油现象,油位指示正常; (4)充气运输的变压器,气体压力保持在0.01~0.03 MPa; (5)电压在 220 kV 及以上,容量 150 MVA及以上的变压器在运输和装卸过程中三维冲击加速度均不大于或符合制造厂要求		
	2	回罩	(1)器身在空气中的暴露时间应符合 GB 50148 的规定; (2)法兰连接紧固,结合面无渗油		

检查意见:

　　主控项目共＿＿＿＿＿项,其中符合SL 639—2013质量要求＿＿＿＿＿项。

　　一般项目共＿＿＿＿＿项,其中符合SL 639—2013质量要求＿＿＿＿＿项,与SL 639—2013有微小出入＿＿＿＿＿项。

安装单位 评定人	 (签字) 年 月 日	监理工程师	 (签字) 年 月 日

注:设备运输符合规定,且制造厂说明可不进行器身检查的,现场可不进行器身检查。

_____工程

表 9001.2 主变压器本体及附件安装质量检查表

编号：_____

分部工程名称				单元工程名称		
安装内容						
安装单位				开/完工日期		

项次		检验项目	质量要求	检验结果	检验人(签字)
主控项目	1	套管	(1)瓷外套套管表面清洁,无损伤,法兰连接螺栓齐全、紧固密封良好; (2)硅橡胶外套套管外观无裂纹、损伤、变形; (3)充油套管无渗漏油,油位正常; (4)均压环表面光滑无划痕,安装牢固、方向正确; (5)套管顶部密封良好,引出线与套管连接螺栓紧固		
	2	升高座	(1)电流互感器和升高座的中心宜一致,电流互感器二次端子板密封严密,无渗油现象; (2)升高座法兰面与本体法兰面平行就位,放气塞位置在升高座最高处; (3)绝缘筒安装牢固,位置正确		
	3	冷却装置	(1)安装前按制造厂的规定进行密封试验无渗漏; (2)安装牢靠,密封良好,管路阀门操作灵活、开闭位置正确; (3)油流继电器、差压继电器、渗漏继电器密封严密、动作可靠; (4)油泵密封良好,无渗油或进气现象,转向正确,无异常现象; (5)风扇电动机及叶片安装牢固,叶片无变形,电机转动灵活、转向正确,无卡阻; (6)冷却装置控制部分安装质量合标准符合 GB 50171 的规定		
一般项目	1	基础及轨道	(1)预埋件符合设计文件要求; (2)基础水平允许误差为±5 mm; (3)两轨道间距允许误差为±2 mm; (4)轨道对设计标高允许误差为±2 mm; (5)轨道连接处水平允许误差为±1 mm		

_____工程

续表 9001.2

项次		检验项目	质量要求	检验结果	检验人(签字)
一般项目	2	本体就位	(1)变压器安装位置正确; (2)轮距与轨距中心对正,制动器安装牢固		
	3	储油柜及吸湿器	(1)储油柜安装符合产品技术文件要求; (2)油位表动作灵活,其指示与储油柜实际油位相符; (3)储油柜安装方向正确; (4)吸湿器与储油柜的连接管密封良好,吸湿剂干燥,油封油位在油面线上		
	4	气体继电器	(1)安装前经校验合格,动作整定值符合产品技术文件要求; (2)与连通管的连接密封良好,连通管的升高坡度符合产品技术文件要求; (3)集气盒充满变压器油,密封严密,继电器进线孔封堵严密; (4)观察窗挡板处于打开位置; (5)进口产品安装质量标准还应符合产品技术文件要求		
	5	安全气道	(1)内壁清洁干燥; (2)隔膜安装位置及油流方向正确		
	6	压力释放装置	(1)安装方向正确; (2)阀盖及升高座内部清洁,密封良好,电接点动作准确,动作压力值符合产品技术文件要求		
	7	测温装置	(1)温度计安装前经校验合格,指示正确,整定值符合产品技术文件要求; (2)温度计座严密无渗油,闲置的温度计座应密封; (3)膨胀式温度计细金属软管不应压扁和急剧扭曲,弯曲半径不小于 50 mm		

检查意见:
　主控项目共_____项,其中符合SL 639—2013质量要求_____项。
　一般项目共_____项,其中符合SL 639—2013质量要求_____项,与SL 639—2013有微小出入_____项。

安装单位 评定人	(签字) 年　月　日	监理工程师	(签字) 年　月　日

_____工程

表 9001.3 主变压器注油及密封质量检查表

编号:_____

分部工程名称				单元工程名称	
安装内容					
安装单位				开/完工日期	

项次		检验项目	质量要求	检验结果	检验人(签字)
主控项目	1	注油	(1)绝缘油试验合格,绝缘油试验类别、试验项目及标准应符合 GB 50150 的规定; (2)变压器真空注油、热油循环及循环后设备带电前绝缘油试验项目及标准应符合 GB 50148 的规定; (3)注油完毕,检查油标指示正确,油枕油面高度符合产品技术文件要求		
	2	干燥	变压器干燥应符合 GB 50148 的规定		
	3	整体密封试验	应符合 GB 50148 的规定及产品技术文件要求		

检查意见:

    主控项目共_____项,其中符合SL 639—2013质量要求_____项。

安装单位 评定人	(签字) 年 月 日	监理工程师	(签字) 年 月 日

表 9001.4　主变压器电气试验质量检查表

编号：_____

分部工程名称		单元工程名称		
安装内容				
安装单位		开/完工日期		
项次	检验项目	质量要求	检验结果	检验人（签字）
主控项目 1	绕组连同套管一起的绝缘电阻、吸收比或极化指数	(1)换算至同一温度比较,绝缘电阻值不低于产品出厂试验值的70%; (2)电压等级在 35 kV 以上,且容量在 4000 kVA 及以上时,应测量吸收比;吸收比与产品出厂值比较应无明显差别,在常温下应不小于 1.3;当 $R_{60S}>3\,000$ MΩ 时,吸收比可不作考核要求; (3)电压等级在 220 kV 及以上且容量在 120 MVA 及以上时,宜用 5 000 V 兆欧表测极化指数;测得值与产品出厂值比较应无明显差别,在常温下应不小于 1.3;当 $R_{60S}>10\,000$ MΩ时,极化指数可不作考核要求		
2	与铁芯绝缘的各紧固件及铁芯的绝缘电阻	持续 1 min 无闪烙及击穿现象		
3	绕组连同套管的直流电阻	(1)各相测值相互差值应小于平均值的 2%;线间测值相互差值应小于平均值应的 1%; (2)与同温下产品出厂实测值比较,相应变化应不大于 2%; (3)由于变压器结构等原因,差值超过第(1)项时,可只按第(2)项比较,但应说明原因		
4	绕组连同套管的介质损耗角正切值 tanδ	应符合 GB 50150 的规定		
5	绕组连同套管的直流泄漏电流	应符合 GB 50150 的规定		

续表 9001.4

项次		检验项目	质量要求	检验结果	检验人(签字)
主控项目	6	绕组连同套管的长时感应耐压试验带局部放电测量	(1)电压等级220 kV及以上的变压器,新安装时必须进行现场局部放电试验;对于电压等级为110 kV的变压器,当对绝缘有怀疑时,应进行局部放电试验; (2)试验及判断方法应符合GB 1094.3的规定		
	7	绕组变形试验	应符合GB 50150的规定		
	8	相位	与系统相位一致		
	9	所有分接头的电压比	与制造厂铭牌数据相比无明显差别,且符合变压比的规律,差值应符合GB 50150的规定		
	10	三相变压器的接线组别和单相变压器引出线极性	与设计要求及铭牌标记和外壳符号相符		
	11	非纯瓷套管试验	应符合GB 50150的规定		
	12	有载调压装置的检查试验	应符合GB 50150的规定		
	13	绝缘油试验	应符合GB 50150的规定或产品技术文件要求		
	14	绕组连同套管的交流耐压	应符合GB 50150的规定		

_____工程

续表 9001.4

项次		检验项目	质量要求	检验结果	检验人(签字)
一般项目	1	噪音测量	应符合 GB 50150 的规定		
	2	绕组绝缘电阻	(1)一次绕组对二次绕组及外壳、各二次绕组间及其对外壳的绝缘电阻值不宜低于 1 000 MΩ; (2)电流互感器一次绕组段间的绝缘电阻值不宜低于 1 000 MΩ,但由于结构原因而无法测量时可不进行; (3)电容式电流互感器的末屏及电压互感器接地端(N)对外壳(地)的绝缘电阻值不宜小于 1 000 MΩ		
	3	介质损耗角正切值 tanδ	应符合 GB 50150 的规定		
	4	接线组别和极性	应符合设计要求,与铭牌和标志相符		
	5	交流耐压试验	应符合 GB 50150 的规定		
	6	局部放电	应符合 GB 50150 的规定		
	7	绝缘介质性能试验	应符合 GB 50150 的规定		
	8	绕组直流电阻	(1)电压互感器绕组直流电阻测量值与换算到同一温度下的出厂值比较,一次绕组相差不宜大于 10%,二次绕组相差不宜大于 15%; (2)同型号、同规格、同批次电流互感器一、二次绕组的直流电阻测量值与其平均值的差异不宜大于 10%		
	9	励磁特性	应符合 GB 50150 的规定		
	10	误差测量	应符合 GB 50150 的规定或产品技术文件要求		

检查意见:

　　主控项目共_____项,其中符合SL 639—2013质量要求_____项。

　　一般项目共_____项,其中符合SL 639—2013质量要求_____项,与SL 639—2013有微小出入_____项。

安装单位 评定人	 (签字) 年　月　日	监理工程师	 (签字) 年　月　日

_____工程

表 9001.5　主变压器试运行质量检查表

编号:_____

分部工程名称				单元工程名称	
安装内容					
安装单位				开/完工日期	

项次		检验项目	质量要求	检验结果	检验人(签字)
主控项目	1	试运行前检查	(1)本体、冷却装置及所有附件无缺陷,且不渗油; (2)轮子的制动装置牢固; (3)事故排油设施完好,消防设施齐全,投入正常; (4)储油柜、冷却装置、净油器等油系统上的阀门处于设备运行位置,储油柜和充油套管油位应正常;冷却装置试运行正常,联动正确;强迫油循环的变压器应启动全部冷却装置,进行循环4 h以上,放完残留空气; (5)接地引下线及其与主接地网的连接应满足设计要求,接地可靠; (6)铁芯和夹件的接地引出套管、套管末屏接地应符合产品技术文件要求;备用电流互感器二次绕组应短接接地;套管电流互感器接线正确,极性符合设计要求;套管顶部结构的接触及密封良好; (7)分接头的位置符合运行系统要求,且指示正确;安装完毕如分接头位置有调整,必须进行调整后分接位置的直流电阻测试,并对比分析合格; (8)变压器的相位及绕组的接线组别符合并列运行要求; (9)测温装置指示正确,冷却装置整定值符合设计要求; (10)变压器的全部电气试验应合格,保护装置整定值符合规定,操作及联动试验正确		

_____工程

续表 9001.5

项次	检验项目	质量要求	检验结果	检验人(签字)
主控项目	2	冲击合闸试验	(1)接于中性点接地系统的变压器,在进行冲击合闸时,其中性点必须接地; (2)变压器第一次投入时,可全电压冲击合闸,如有条件时在冲击合闸前应先进行零起升压试验; (3)冲击合闸试验时,变压器宜由高压侧投入;对发电机变压器组接线的变压器,当发电机与变压器间无操作断开点时,可不作全电压冲击合闸,以零起升压试验考核; (4)变压器进行 5 次空载全电压冲击合闸,第一次受电后持续时间不少于 10 min,检查无异常后按每次间隔 5 min 进行冲击合闸试验;全电压冲击合闸时,变压器励磁涌流不应引起保护装置动作,变压器无异常		
	3	试运行时检查	(1)变压器并列前,应先核对相位; (2)带电后,检查本体及附件所有焊缝和连接面,无渗油现象		

检查意见:
主控项目共_____项,其中符合SL 639—2013质量要求_____项。

安装单位 评定人	(签字) 年 月 日	监理工程师	(签字) 年 月 日

_____工程

表 9002　六氟化硫(SF$_6$)断路器安装单元工程质量验收评定表

单位工程名称			单元工程量	
分部工程名称			安装单位	
单元工程名称、部位			评定日期	
项目		检验结果		
六氟化硫(SF$_6$)断路器外观	主控项目			
	一般项目			
六氟化硫(SF$_6$)断路器安装	主控项目			
	一般项目			
六氟化硫(SF$_6$)气体的管理及充注	主控项目			
	一般项目			
六氟化硫(SF$_6$)断路器电气试验及操作试验	主控项目			
安装单位自评意见	安装质量检验主控项目_____项,全部符合SL 639—2013质量要求;一般项目_____项,与SL 639—2013有微小出入的_____项,所占比率为_____%。质量要求操作试验或试运行符合SL 639—2013的要求,操作试验或试运行_____出现故障。 单元工程安装质量等级评定为:_____。 (签字,加盖公章)　　　　年　月　日			
监理单位复核意见	安装质量检验主控项目_____项,全部符合SL 639—2013质量要求;一般项目_____项,与SL 639—2013有微小出入的_____项,所占比率为_____%。质量要求操作试验或试运行符合SL 639—2013的要求,操作试验或试运行_____出现故障。 单元工程安装质量等级评定为:_____。 (签字,加盖公章)　　　　年　月　日			

_____工程

表 9002.1 六氟化硫（SF₆）断路器外观质量检查表

编号：_____

分部工程名称			单元工程名称	
安装内容				
安装单位			开/完工日期	

项次		检验项目	质量要求	检验结果	检验人（签字）
主控项目	1	外观	（1）零部件及配件齐全、无锈蚀和损伤、变形； （2）绝缘部件无变形、受潮、裂纹和剥落，绝缘良好； （3）瓷套表面光滑无裂纹、缺损，瓷套与法兰的结合面粘合牢固、密实、平整		
	2	充干燥气体的运输单元或部件	（1）气体[六氟化硫（SF₆）、氮气（N₂）或干燥空气]有检测报告，质量合格； （2）其气体压力值符合产品技术文件要求		
	3	操作机构	零件齐全，轴承光滑无卡涩，铸件无裂纹、焊接良好		
一般项目	1	并联电阻、电容器及合闸电阻	技术数值符合产品技术文件要求		
	2	密度继电器、压力表	有产品合格证明和检验报告		

检查意见： 　　主控项目共_____项，其中符合SL 639—2013质量要求_____项。 　　一般项目共_____项，其中符合SL 639—2013质量要求_____项，与SL 639—2013有微小出入_____项。

安装单位 评定人	（签字） 　　年　月　日	监理工程师	（签字） 　　年　月　日

表 9002.2 六氟化硫(SF$_6$)断路器安装质量检查表

编号:_____

分部工程名称		单元工程名称	
安装内容			
安装单位		开/完工日期	

项次		检验项目	质量要求	检验结果	检验人(签字)
主控项目	1	组装	(1)按照制造厂的部件编号和规定顺序组装,无混装; (2)密封槽面清洁,无划伤痕迹; (3)所有安装螺栓紧固力矩值应符合产品技术文件要求; (4)同相各支柱瓷套的法兰面宜在同一水平面上,各支柱中心线间距离的偏差不大于5 mm,相间中心距离的偏差不大于5 mm; (5)按照产品技术文件要求涂抹防水胶; (6)罐式断路器安装应符合 GB 50147 的规定		
	2	设备载流部分及引下线连接	(1)设备接线端子的接触表面平整、清洁、无氧化膜,并涂以薄层电力复合脂.镀银部分应无挫磨; (2)设备载流部分的可挠连接无折损、表面凹陷及锈蚀; (3)连接螺栓齐全、紧固,紧固力矩应符合 GB 50149 的规定		
	3	接地	符合设计和产品技术文件要求,且无锈蚀、损伤,连接牢靠		

续表 9002.2

项次		检验项目	质量要求	检验结果	检验人(签字)
主控项目	4	二次回路	信号和控制回路应符合 GB 50171 的规定		
一般项目	1	基础及支架	(1) 基础中心距离及高度允许误差为 ±10 mm; (2) 预留孔或预埋件中心线允许误差为 ±10 mm; (3) 预埋螺栓中心线允许误差为±2 mm; (4) 支架或底架与基础的垫片不宜超过 3 片,其总厚度不大于 10 mm		
	2	吊装检查	无碰撞和擦伤		
	3	均压环	(1)无划痕、毛刺,安装应牢固、平整、无变形; (2)宜在最低处钻直径 6~8 mm 的排水孔		
	4	吸附剂	现场检查产品包装符合产品技术文件要求,必要时进行干燥处理		

检查意见:

主控项目共＿＿＿＿项,其中符合SL 639—2013质量要求＿＿＿＿项。

一般项目共＿＿＿＿项,其中符合SL 639—2013质量要求＿＿＿＿项,与SL 639—2013有微小出入＿＿＿＿项。

安装单位 评定人	(签字) 年 月 日	监理工程师	(签字) 年 月 日

_____工程

表 9002.3　六氟化硫(SF₆)气体管理及充注质量检查表

编号：_____

分部工程名称		单元工程名称	
安装内容			
安装单位		开/完工日期	

项次		检验项目	质量要求	检验结果	检验人(签字)
主控项目	1	充气设备及管路	洁净,无水分、油污,管路连接部分无渗漏		
	2	充气前断路器内部真空度	符合产品技术文件要求		
	3	充气后 SF₆ 气体含水量及整体密封试验	(1)与灭弧室相通的气室 SF₆ 气体含水量,应小于 150 μL/L; (2)不与灭弧室相通的气室 SF₆ 气体含水量,应小于 250 μL/L; (3)每个气室年泄漏率不大于 1%		
	4	SF₆ 气体压力检查	各气室 SF₆ 气体压力符合产品技术文件要求		
一般项目	1	SF₆ 气体监督管理	应符合 GB 50147 的规定		

检查意见：
　　主控项目共_____项,其中符合SL 639—2013质量要求_____项。
　　一般项目共_____项,其中符合SL 639—2013质量要求_____项,与SL 639—2013有微小出入_____项。

安装单位 评定人	(签字) 年　月　日	监理工程师	(签字) 年　月　日

表 9002.4 六氟化硫(SF$_6$)断路器电气试验及操作试验质量检查表

编号:_____

分部工程名称		单元工程名称	
安装内容			
安装单位		开/完工日期	

项次		检验项目	质量要求	检验结果	检验人(签字)
主控项目	1	绝缘电阻	符合产品技术文件要求		
	2	导电回路电阻	符合产品技术文件要求		
	3	分、合闸线圈绝缘电阻及直流电阻	符合产品技术文件要求		
	4	分、合闸时间,分、合闸速度,触头的分、合闸的同期性及配合时间	应符合 GB 50150 的规定及产品技术文件要求		
	5	合闸电阻的投入时间及电阻值	符合产品技术文件要求		
	6	均压电容器	应符合 GB 50150 的规定,罐式断路器均压电容器试验符合产品技术文件要求		
	7	操作机构试验	(1)位置指示器动作正确可靠,分、合位置指示与断路器实际分、合状态一致; (2)断路器及其操作机构的联动正常,无卡阻现象,辅助开关动作正确可靠		
	8	密度继电器、压力表和压力动作阀	压力显示正常,动作值符合产品技术文件要求		

_____工程

续表 9002.4

项次		检验项目	质量要求	检验结果	检验人(签字)
主控项目	9	绕组绝缘电阻	(1)一次绕组对二次绕组及外壳、各二次绕组间及其对外壳的绝缘电阻值不宜低于1 000 MΩ； (2)电流互感器一次绕组段间的绝缘电阻值不宜低于1 000 MΩ，但由于结构原因而无法测量时可不进行； (3)电容式电流互感器的末屏及电压互感器接地端(N)对外壳(地)的绝缘电阻值不宜小于1 000 MΩ		
	10	介质损耗角正切值 $\tan\delta$	符合 GB 50150 的规定		
	11	接线组别和极性	符合设计要求，与铭牌和标志相符		
	12	交流耐压试验	应符合 GB 50150 的规定		
	13	局部放电	应符合 GB 50150 的规定		
	14	绝缘介质性能试验	应符合 GB 50150 的规定		
	15	绕组直流电阻	(1)电压互感器绕组直流电阻测量值与换算到同一温度下的出厂值比较，一次绕组相差不宜大于 10%，二次绕组相差不宜大于 15%； (2)同型号、同规格、同批次电流互感器一次、二次绕组的直流电阻测量值与其平均值的差异不宜大于 10%		
	16	励磁特性	应符合 GB 50150 的规定		
	17	误差测量	应符合 GB 50150 的规定或产品技术文件要求		

检查意见：

　　主控项目共_____项，其中符合SL 639—2013质量要求_____项。

安装单位 评定人	（签字） 年 月 日	监理工程师	（签字） 年 月 日

_____工程

表 9003　气体绝缘金属封闭开关设备安装单元工程质量验收评定表

单位工程名称			单元工程量	
分部工程名称			安装单位	
单元工程名称、部位			评定日期	
项目		检验结果		
GIS 外观	一般项目			
GIS 安装	主控项目			
	一般项目			
六氟化硫(SF$_6$)气体的管理及充注	主控项目			
	一般项目			
GIS 电气试验及操作试验	主控项目			
	一般项目			
安装单位自评意见	安装质量检验主控项目_____项,全部符合SL 639—2013质量要求;一般项目_____项,与SL 639—2013有微小出入的_____项,所占比率为_____%。质量要求操作试验或试运行符合SL 639—2013的要求,操作试验或试运行_____出现故障。 单元工程安装质量等级评定为:_____。 　　　　　　　　　　　　　　(签字,加盖公章)　　　年　月　日			
监理单位复核意见	安装质量检验主控项目_____项,全部符合SL 639—2013质量要求;一般项目_____项,与SL 639—2013有微小出入的_____项,所占比率为_____%。质量要求操作试验或试运行符合SL 639—2013的要求,操作试验或试运行_____出现故障。 单元工程安装质量等级评定为:_____。 　　　　　　　　　　　　　　(签字,加盖公章)　　　年　月　日			

表 9003.1　GIS 外观质量检查表

编号：＿＿＿＿＿＿＿＿

分部工程名称				单元工程名称		
安装内容						
安装单位				开/完工日期		
项次		检验项目	质量要求		检验结果	检验人(签字)
一般项目	1	到货检查	(1)元件、附件、备件及专用工器具齐全,无损伤变形及锈蚀; (2)制造厂所带支架无变形、损伤、锈蚀和锌层脱落,地脚螺栓满足设计及产品技术文件要求; (3)各连接件、附件的材质、规格及数量符合产品技术文件要求; (4)组装用螺栓、密封垫、清洁剂、润滑脂和擦拭材料符合产品技术文件要求; (5)支架及其接地引线无锈蚀、损伤			
	2	充干燥气体的运输单元或部件	(1)气体[六氟化硫(SF_6)、氮气(N_2)或干燥空气]有检测报告,质量合格; (2)其气体压力值符合产品技术文件要求			
	3	瓷件及绝缘件	(1)瓷件无裂纹; (2)绝缘件无受潮、变形、层间剥落及破损;盆式绝缘子完好,表面清洁; (3)套管的金属法兰结合面平整、无外伤或铸造砂眼			
	4	母线	母线及母线筒内壁平整无毛刺,各单元母线长度符合产品技术文件要求			
	5	密度继电器及压力表	经检验,并有检验报告			
	6	防爆装置	防爆膜或其他防爆装置完好			

检查意见：

　　一般项目共＿＿＿＿＿＿＿项,其中符合SL 639—2013质量要求＿＿＿＿＿＿＿项,与SL 639—2013有微小出入＿＿＿＿＿＿＿项。

安装单位 评定人		监理工程师	
	(签字) 年　月　日		(签字) 年　月　日

_____工程

表 9003.2 GIS 安装质量检查表

编号：_____

分部工程名称			单元工程名称	
安装内容				
安装单位			开/完工日期	

项次		检验项目	质量要求	检验结果	检验人（签字）
主控项目	1	设备基础	（1）产品和设计要求的均压接地网施工已完成并满足设计要求； （2）除上述条件外,还应符合 GB 50147 的规定		
	2	导电回路	（1）GIS 母线安装质量标准应符合 GB 50149 的规定； （2）导电部件镀银层良好、表面光滑、无脱落； （3）连接插件的触头中心对准插口,不得卡阻,插入深度符合产品技术文件要求,接触电阻符合产品技术文件要求,不宜超过产品技术文件规定值的 1.1 倍		
	3	装配要求	（1）组件的装配程序和装配编号符合产品技术文件要求； （2）吊装时本体无碰撞和擦伤； （3）组件组装的水平、垂直误差符合产品技术文件要求； （4）伸缩节的安装长度符合产品技术文件要求； （5）密封槽面清洁、无划伤痕迹； （6）螺栓紧固力矩符合产品技术文件要求		
	4	主要元件安装®	断路器隔离开关、互感器、避雷器等元件安装应符合SL 639—2013相关章节的有关规定		

_____工程

续表 9003.2

项次		检验项目	质量要求	检验结果	检验人(签字)
一般项目	1	吸附剂	现场检查产品包装符合产品技术文件要求,必要时进行干燥处理		
	2	均压环	无划痕、毛刺,安装应牢固、平整、无变形		
	3	设备载流部分的连接	(1)设备接线端子的接触表面平整、清洁、无氧化膜,并涂以薄层电力复合脂,镀银部分应无挫磨; (2)设备载流部分的可挠连接无折损、表面凹陷及锈蚀; (3)连接螺栓齐全、紧固,紧固力矩符合 GB 50149 的规定		
	4	接地	接地线及其连接应符合 GB 50169 的规定		
	5	二次回路	信号和控制回路应符合 GB 50171 的规定		

检查意见:

主控项目共_____项,其中符合SL 639—2013质量要求_____项。

一般项目共_____项,其中符合SL 639—2013质量要求_____项,与SL 639—2013有微小出入_____项。

安装单位 评定人			监理工程师		
		(签字) 年 月 日			(签字) 年 月 日

表 9003.3　六氟化硫(SF$_6$)气体管理及充注质量检查表

编号:＿＿＿＿＿＿＿

分部工程名称		单元工程名称	
安装内容			
安装单位		开/完工日期	

项次		检验项目	质量要求	检验结果	检验人(签字)
主控项目	1	充气设备及管路	洁净,无水分、油污,管路连接部分无渗漏		
	2	充气前气室内部真空度	符合产品技术文件要求		
	3	充气后 SF$_6$ 气体含水量及整体密封试验	(1)有电弧分解的隔室,SF$_6$气体含水量应小于 150 μL/L; (2)无电弧分解的隔室,SF$_6$气体含水量应小于 250 μL/L; (3)每个气室年泄漏率不大于 1%		
	4	SF$_6$ 气体压力检查	各气室 SF$_6$ 气体压力符合产品技术文件要求		
一般项目	1	SF$_6$ 气体监督管理	应符合 GB 50147 的规定		

检查意见:

主控项目共＿＿＿＿＿＿＿项,其中符合SL 639—2013质量要求＿＿＿＿＿＿＿项。

一般项目共＿＿＿＿＿＿＿项,其中符合SL 639—2013质量要求＿＿＿＿＿＿＿项,与SL 639—2013有微小出入＿＿＿＿＿＿＿项。

安装单位评定人	(签字) 年　月　日	监理工程师	(签字) 年　月　日

表 9003.4 GIS 电气试验及操作试验质量检查表

编号:_____

分部工程名称				单元工程名称		
安装内容						
安装单位				开/完工日期		
项次		检验项目	质量要求	检验结果		检验人(签字)
主控项目	1	主回路导电回路电阻	不应超过产品技术文件规定值的1.2倍			
	2	主回路交流耐压试验	应符合 GB 50150 的规定			
一般项目	1	操作试验	连锁与闭锁装置动作准确可靠			

检查意见:

主控项目共_____项,其中符合SL 639—2013质量要求_____项。

一般项目共_____项,其中符合SL 639—2013质量要求_____项,与SL 639—2013有微小出入_____项。

安装单位 评定人	(签字) 年 月 日	监理工程师	(签字) 年 月 日

注:GIS 内各元件的电气试验及操作试验按相应元件的"质量检查表"进行试验和检查,并作为附表提交。

_____工程

表 9004 隔离开关安装单元工程质量验收评定表

单位工程名称			单元工程量	
分部工程名称			安装单位	
单元工程名称、部位			评定日期	
项目			检验结果	
隔离开关外观	主控项目			
	一般项目			
隔离开关安装	主控项目			
	一般项目			
隔离开关电气试验与操作试验	主控项目			
安装单位自评意见	安装质量检验主控项目_____项,全部符合SL 639—2013质量要求;一般项目_____项,与SL 639—2013有微小出入的_____项,所占比率为_____%。质量要求操作试验或试运行符合SL 639—2013的要求,操作试验或试运行_____出现故障。 单元工程安装质量等级评定为:_____。 　　　　　　　　　　　　　　(签字,加盖公章)　　　年 月 日			
监理单位复核意见	安装质量检验主控项目_____项,全部符合SL 639—2013质量要求;一般项目_____项,与SL 639—2013有微小出入的_____项,所占比率为_____%。质量要求操作试验或试运行符合SL 639—2013的要求,操作试验或试运行_____出现故障。 单元工程安装质量等级评定为:_____。 　　　　　　　　　　　　　　(签字,加盖公章)　　　年 月 日			

表 9004.1 隔离开关外观质量检查表

编号:_____

分部工程名称				单元工程名称	
安装内容					
安装单位				开/完工日期	

项次		检验项目	质量要求	检验结果	检验人(签字)
主控项目	1	瓷件	(1)瓷件无裂纹、破损,瓷铁胶合处粘合牢固; (2)法兰结合面平整、无外伤或铸造砂眼		
	2	导电部分	可挠软连接无折损,接线端子(或触头)镀层完好		
一般项目	1	开关本体	无变形和锈蚀,涂层完整,相色正确		
	2	操动机构	操动机构部件齐全,固定连接件连接紧固,转动部分涂有润滑脂		

检查意见:
  主控项目共_____项,其中符合SL 639—2013质量要求_____项。
  一般项目共_____项,其中符合SL 639—2013质量要求_____项,与SL 639—2013有微小出入_____项。

安装单位 评定人		监理工程师	
	(签字) 年 月 日		(签字) 年 月 日

表 9004.2 隔离开关安装质量检查表

编号:_____

分部工程名称				单元工程名称	
安装内容					
安装单位				开/完工日期	

项次		检验项目	质量要求	检验结果	检验人(签字)
主控项目	1	导电部分	(1)触头表面平整、清洁,载流部分表面无严重凹陷及锈蚀,载流部分的可挠连接无折损; (2)触头间接触紧密,两侧的接触压力均匀,并符合产品文件技术要求,当采用插入连接时,导体插入深度应符合产品技术文件要求; (3)具有引弧触头的隔离开关由分到合时,在主动触头接触前,引弧触头应先接触;由合到分时,触头的断开顺序应相反; (4)设备连接端子应涂以薄层电力复合脂。连接螺栓应齐全、紧固,紧固力矩符合 GB 50149 的规定		
	2	支柱绝缘子	(1)支柱绝缘子与底座平面(V形隔离开关除外)垂直、连接牢固,同一绝缘子柱的各绝缘子中心线应在同一垂直线上; (2)同相各绝缘子支柱的中心线在同一垂直平面内		
	3	均压环、屏蔽环	无划痕、毛刺,安装牢固、平正		
	4	传动装置	(1)拉杆与带电部分的距离应符合 GB 50149 的规定; (2)传动部件安装位置正确,固定牢靠;传动齿轮啮合准确; (3)定位螺钉调整、固定符合产品技术文件要求; (4)传动部分灵活;所有传动摩擦部位,应涂以适合当地气候的润滑脂; (5)接地开关垂直连杆上应涂黑色油漆标识		

续表 9004.2

项次		检验项目	质量要求	检验结果	检验人(签字)
主控项目	5	操动机构	(1)安装牢固,各固定部件螺栓紧固,开口销必须分开; (2)机构动作平稳,无卡阻、冲击; (3)限位装置准确可靠;辅助开关动作与隔离开关动作一致、接触准确可靠; (4)分、合闸位置指示正确		
	6	接地	接地牢固,导通良好		
	7	二次回路	机构箱内信号和控制回路应符合 GB 50171 的规定		
一般项目	1	基础或支架	(1)中心距离及高度允许偏差为±10 mm; (2)预留孔或预埋件中心线允许偏差为±10 mm; (3)预埋螺栓中心线允许偏差为±2 mm		
	2	本体安装	(1)安装垂直、固定牢固、相间支持瓷件在同一水平面上; (2)相间距离允许偏差为±10 mm,相间连杆在同一水平线上		

检查意见:

主控项目共＿＿＿＿项,其中符合SL 639—2013质量要求＿＿＿＿项。

一般项目共＿＿＿＿项,其中符合SL 639—2013质量要求＿＿＿＿项,与SL 639—2013有微小出入＿＿＿＿项。

安装单位 评定人			监理工程师	
		(签字) 年 月 日		(签字) 年 月 日

表 9004.3 隔离开关电气试验与操作试验质量检查表

编号：_____

分部工程名称			单元工程名称		
安装内容					
安装单位			开/完工日期		

项次		检验项目	质量要求	检验结果	检验人(签字)
主控项目	1	绝缘电阻	应符合 GB 50150 及产品技术文件的要求		
	2	导电回路直流电阻	符合产品技术文件要求		
	3	交流耐压试验	应符合 GB 50150 的规定		
	4	三相同期性	符合产品技术文件要求		
	5	操动机构线圈的最低动作电压值	符合制造厂文件要求		
	6	操动机构试验	(1)电动机及二次控制线圈和电磁闭锁装置在其额定电压的80%~110%范围内时,隔离开关主闸刀或接地闸刀分、合闸动作可靠; (2)机械、电气闭锁装置准确可靠		

检查意见：
    主控项目共_____项,其中符合SL 639—2013质量要求_____项,与SL 639—2013有微小出入_____项。

安装单位 评定人	 (签字) 年 月 日	监理工程师	 (签字) 年 月 日

_____工程

表 9005　互感器安装单元工程质量验收评定表

单位工程名称			单元工程量	
分部工程名称			安装单位	
单元工程名称、部位			评定日期	
项目		检验结果		
互感器外观	一般项目			
互感器安装	主控项目			
	一般项目			
互感器电气试验	主控项目			
安装单位自评意见	安装质量检验主控项目_____项,全部符合SL 639—2013质量要求;一般项目_____项,与SL 639—2013有微小出入的_____项,所占比率为_____%。质量要求操作试验或试运行符合SL 639—2013的要求,操作试验或试运行_____出现故障。 　单元工程安装质量等级评定为:_____。 　　　　　　　　　　　　　　　　(签字,加盖公章)　　　年　月　日			
监理单位复核意见	安装质量检验主控项目_____项,全部符合SL 639—2013质量要求;一般项目_____项,与SL 639—2013有微小出入的_____项,所占比率为_____%。质量要求操作试验或试运行符合SL 639—2013的要求,操作试验或试运行_____出现故障。 　单元工程安装质量等级评定为:_____。 　　　　　　　　　　　　　　　　(签字,加盖公章)　　　年　月　日			

_____工程

表 9005.1　互感器外观质量检查表

编号：_____

分部工程名称			单元工程名称	
安装内容				
安装单位			开/完工日期	

项次		检验项目	质量要求	检验结果	检验人(签字)
一般项目	1	铭牌标志	完整、清晰		
	2	本体	(1)完整、附件齐全、无锈蚀或机械损伤； (2)油浸式互感器油位正常,密封严密,无渗油； (3)电容式电压互感器的电磁装置和谐振阻尼器的铅封完好； (4)气体绝缘互感器内的气体压力,符合产品技术文件要求； (5)气体绝缘互感器的密度继电器、压力表等,应有校验报告		
	3	二次接线板引线端子及绝缘	连接牢固.绝缘完好		
	4	绝缘夹件及支持物	牢固,无损伤,无分层开裂		
	5	螺栓	无松动,附件完整		

检查意见：
　　一般项目共_____项,其中符合SL 639—2013质量要求_____项,与SL 639—2013有微小出入_____项。

安装单位 评定人	(签字) 　　　年　月　日	监理工程师	(签字) 　　　年　月　日

表 9005.2　互感器安装质量检查表

编号：_____

分部工程名称					单元工程名称		
安装内容							
安装单位					开/完工日期		

项次		检验项目	质量要求	检验结果	检验人(签字)
主控项目	1	本体安装	(1)支架封顶板安装面水平;并列安装时排列整齐,同一组互感器极性方向一致;均压环安装水平、牢固,且方向正确;保护间隙符合产品技术文件要求; (2)油浸式互感器油位指示器、瓷套与法兰连接处、放油阀均无渗油现象,油位正常,呼吸孔无阻塞;隔膜储油柜的隔膜和金属膨胀器完好无损,顶部螺栓紧固; (3)电容式电压互感器成套供应的组件安装位置与产品出厂组件编号一致。组件连接处的接触面无氧化层,并涂以电力复合脂; (4)零序电流互感器的构架或其他导磁体不与互感器铁芯直接接触,或不与其构成磁回路分支; (5)油浸式互感器外表应无可见油渍现象;SF$_6$气体绝缘互感器定性检测无泄漏点,年泄漏率应小于1%		
	2	接地	(1)互感器的外壳接地可靠; (2)分级绝缘的电压互感器一次绕组的接地引出端子接地可靠;电容式电压互感器的接地符合产品技术文件要求; (3)电容型绝缘的电流互感器一次绕组末屏的引出端子、铁芯引出接地端子接地可靠; (4)电流互感器备用二次绕组端子先短路后接地; (5)倒装式电流互感器二次绕组的金属导管接地可靠; (6)互感器工作接地点有两根与主接地网不同地点连接的接地引下线,引下线接地可靠		
一般项目	1	连接螺栓	齐全、紧固		

检查意见：
　　主控项目共_____项,其中符合SL 639—2013质量要求_____项。
　　一般项目共_____项,其中符合SL 639—2013质量要求_____项,与SL 639—2013有微小出入_____项。

安装单位 评定人		(签字) 年　月　日	监理工程师		(签字) 年　月　日

表 9005.3　互感器电气试验质量检查表

编号：_____

分部工程名称			单元工程名称		
安装内容					
安装单位			开/完工日期		
项次	检验项目	质量要求	检验结果	检验人(签字)	
主控项目	1	绕组绝缘电阻	(1)一次绕组对二次绕组及外壳、各二次绕组间及其对外壳的绝缘电阻值不宜低于1 000 MΩ； (2)电流互感器一次绕组段间的绝缘电阻值不宜低于1 000 MΩ，但由于结构原因而无法测量时可不进行； (3)电容式电流互感器的末屏及电压互感器接地端(N)对外壳(地)的绝缘电阻值不宜小于1 000 MΩ			
	2	介质损耗角正切值 tanδ	应符合 GB 50150 的规定		
	3	接线组别和极性	应符合设计要求，与铭牌和标志相符		
	4	交流耐压试验	应符合 GB 50150 的规定		
	5	局部放电	应符合 GB 50150 的规定		
	6	绝缘介质性能	应符合 GB 50150 的规定		

_____工程

续表 9005.3

项次		检验项目	质量要求	检验结果	检验人(签字)
主控项目	7	绕组直流电阻	(1)电压互感器绕组直流电阻测量值与换算到同一温度下的出厂值比较,一次绕组相差不宜大于 10%,二次绕组相差不宜大于15%; (2)同型号、同规格、同批次电流互感器一次、二次绕组的直流电阻测量值与其平均值的差异不宜大于10%		
	8	励磁特性	应符合 GB 50150 的规定		
	9	误差测量	应符合 GB 50150 的规定或产品技术文件要求		
	10	电容式电压互感器(CVT)的检测	应符合 GB 50150 的规定		

检查意见:

    主控项目共_____项,其中符合SL 639—2013质量要求_____项。

安装单位 评定人		(签字) 年 月 日	监理工程师		(签字) 年 月 日

_____工程

表 9006　金属氧化物避雷器和中性点放电间隙安装单元工程质量验收评定表

单位工程名称			单元工程量	
分部工程名称			安装单位	
单元工程名称、部位			评定日期	
项目		检验结果		
金属氧化物避雷器外观	主控项目			
	一般项目			
金属氧化物避雷器安装	主控项目			
	一般项目			
中性点放电间隙安装	主控项目			
	一般项目			
金属氧化物避雷器电气试验	主控项目			
安装单位自评意见	安装质量检验主控项目_____项,全部符合SL 639—2013质量要求;一般项目_____项,与SL 639—2013有微小出入的_____项,所占比率为_____%。质量要求操作试验或试运行符合SL 639—2013的要求,操作试验或试运行_____出现故障。 单元工程安装质量等级评定为:_____。 　　　　　　　　　　　　(签字,加盖公章)　　　年　月　日			
监理单位复核意见	安装质量检验主控项目_____项,全部符合SL 639—2013质量要求;一般项目_____项,与SL 639—2013有微小出入的_____项,所占比率为_____%。质量要求操作试验或试运行符合SL 639—2013的要求,操作试验或试运行_____出现故障。 单元工程安装质量等级评定为:_____。 　　　　　　　　　　　　(签字,加盖公章)　　　年　月　日			

_____工程

表 9006.1　金属氧化物避雷器外观质量检查表

编号:_____

分部工程名称				单元工程名称	
安装内容					
安装单位				开/完工日期	

项次		检验项目	质量要求	检验结果	检验人(签字)
主控项目	1	外观	(1)密封完好,设备型号及参数符合设计文件要求; (2)瓷质或硅橡胶外套外观光洁、完整、无裂纹; (3)金属法兰结合面平整,无外伤或铸造砂眼,法兰泄水孔通畅; (4)防爆膜完整无损		
	2	安全装置	完整、无损		
一般项目	1	均压环	无划痕、毛刺		
	2	组合单元	经试验合格,底座绝缘良好		
	3	自闭阀	宜进行压力检查,压力值符合产品技术文件要求		

检查意见:

主控项目共_____项,其中符合SL 639—2013质量要求_____项。

一般项目共_____项,其中符合SL 639—2013质量要求_____项,与SL 639—2013有微小出入_____项。

安装单位 评定人	(签字) 年　月　日	监理工程师	(签字) 年　月　日

_____工程

表 9006.2-1 金属氧化物避雷器安装质量检查表

编号:_____

分部工程名称			单元工程名称	
安装内容				
安装单位			开/完工日期	

项次		检验项目	质量要求	检验结果	检验人(签字)
主控项目	1	本体安装	(1)组装时,其各节位置符合产品出厂标志编号; (2)安装垂直度符合产品技术文件要求,绝缘底座安装水平; (3)并列安装的避雷器三相中心在同一直线上,相间中心距离允许偏差为±10 mm,铭牌位于易于观察的同一侧; (4)所有安装部位螺栓紧固,力矩值符合产品技术文件要求		
	2	接地	符合设计文件要求,接地引下线连接、固定牢靠		
一般项目	1	连接	(1)连接螺栓齐全、紧固; (2)各连接处的金属接触表面平整、无氧化膜,并涂以薄层电力复合脂; (3)引线的连接不应使设备端子受到超过允许的承受应力		
	2	监测仪	(1)密封良好、动作可靠,连接符合产品技术文件要求; (2)安装位置一致、便于观察; (3)计数器调至同一值		
	3	均压环	安装牢固、平整、无变形,在最低处宜打排水孔		
	4	相色标志	清晰、正确		

检查意见:
主控项目共_____项,其中符合SL 639—2013质量要求_____项。
一般项目共_____项,其中符合SL 639—2013质量要求_____项,与SL 639—2013有微小出入_____项。

安装单位 评定人		(签字) 年 月 日	监理工程师	(签字) 年 月 日

_____工程

表 9006.2-2 中性点放电间隙安装质量检查表

编号:_____

分部工程名称				单元工程名称		
安装内容						
安装单位				开/完工日期		
项次		检验项目	质量要求	检验结果		检验人(签字)
主控项目	1	间隙安装	(1)宜水平安装,固定牢固; (2)间隙距离符合设计文件要求			
	2	接地	符合设计要求,采用两根接地引下线与接地网不同接地干线连接			
一般项目	1	电极制作	符合设计文件要求,钢制材料制作的电极应镀锌			

检查意见:

    主控项目共_____项,其中符合SL 639—2013质量要求_____项。

    一般项目共_____项,其中符合SL 639—2013质量要求_____项,与SL 639—2013有微小出入_____项。

安装单位 评定人	(签字) 年 月 日	监理工程师	(签字) 年 月 日

表 9006.3 金属氧化物避雷器电气试验质量检查表

编号:_____

分部工程名称		单元工程名称	
安装内容			
安装单位		开/完工日期	

项次		检验项目	质量要求	检验结果	检验人(签字)
主控项目	1	绝缘电阻	(1)电压等级为 35 kV 以上时,用 5 000 V 兆欧表,绝缘电阻值不小于 2 500 MΩ; (2)电压等级为 35 kV 时,用 2 500 V 兆欧表,绝缘电阻不小于 1 000 MΩ; (3)基座绝缘电阻不低于 5 MΩ		
	2	直流参考电压和 0.75 倍直流参考电压下的泄漏电流	(1)对应于直流参考电流下的直流参考电压,整支或分节进行的测试值,应符合 GB 11032 的规定,并符合产品技术文件要求;实测值与制造厂规定值比较不应大于±5%; (2)0.75 倍直流参考电压下的泄漏电流值不应大于 50 μA,或符合产品技术文件要求		
	3	工频参考电压和持续电流	应符合 GB 50150 的规定		
	4	工频放电电压	应符合 GB 50150 的规定		
	5	放电计数器及监视电流表	放电计数器动作可靠,监视电流表指示良好		

检查意见:
　　主控项目共_____项,其中符合SL 639—2013质量要求_____项。

安装单位评定人	(签字) 年　月　日	监理工程师	(签字) 年　月　日

_____工程

表 9007　软母线装置安装单元工程质量验收评定表

单位工程名称			单元工程量	
分部工程名称			安装单位	
单元工程名称、部位			评定日期	
项目		检验结果		
软母线装置外观	一般项目			
母线架设	主控项目			
	一般项目			
软母线装置电气试验	主控项目			
安装单位自评意见	安装质量检验主控项目_____项,全部符合SL 639—2013质量要求;一般项目_____项,与SL 639—2013有微小出入的_____项,所占比率为_____%。质量要求操作试验或试运行符合SL 639—2013的要求,操作试验或试运行_____出现故障。 单元工程安装质量等级评定为:_____。 　　　　　　　　　　　　　　　　　　（签字,加盖公章）　　　年　月　日			
监理单位复核意见	安装质量检验主控项目_____项,全部符合SL 639—2013质量要求;一般项目_____项,与SL 639—2013有微小出入的_____项,所占比率为_____%。质量要求操作试验或试运行符合SL 639—2013的要求,操作试验或试运行_____出现故障。 单元工程安装质量等级评定为:_____。 　　　　　　　　　　　　　　　　　　（签字,加盖公章）　　　年　月　日			

_____工程

表 9007.1 软母线装置外观质量检查表

编号：_____

分部工程名称		单元工程名称	
安装内容			
安装单位		开/完工日期	

项次		检验项目	质量要求	检验结果	检验人(签字)
一般项目	1	软母线	(1)软母线不应有扭结、松股、断股、损伤或严重腐蚀等缺陷； (2)同一截面处损伤面积不应超过导电部分总截面的5%； (3)扩径导线无凹陷、变形		
	2	金具及紧固件	(1)规格符合设计文件要求,零件配套齐全； (2)表面光滑,无裂纹、毛刺、损伤、砂眼、锈蚀、滑扣等缺陷,镀锌层不剥落； (3)线夹船形压板与导线接触面光滑平整,悬垂线夹转动部分灵活		
	3	绝缘子	(1)完整无裂纹、破损、缺釉等缺陷,胶合处填料完整,结合牢固； (2)钢帽、钢脚与瓷件或硅橡胶外套胶合处粘合牢固,填料无剥落		
	4	金属构件	金属构件的加工、配置、焊接应符合 GB 50149 的规定		

检查意见：
　　一般项目共_____项,其中符合SL 639—2013质量要求_____项,与SL 639—2013有微小出入_____项。

安装单位 评定人	(签字) 年　月　日	监理工程师	(签字) 年　月　日

表 9007.2　母线架设质量检查表

编号：_____

分部工程名称				单元工程名称		
安装内容						
安装单位				开/完工日期		
项次		检验项目	质量要求	检验结果		检验人(签字)
主控项目	1	母线跳线和引下线电气距离	母线跳线和引下线安装后,与构架及线间的距离应符合 GB 50149 的规定			
	2	母线与金具液压压接	(1)压接管表面光滑、无裂纹、凹陷;管端导线外观无隆起、松股; (2)耐张线夹压接前每种规格的导线取试两件,试压合格; (3)导线的端头伸入耐张线夹或设备线夹长度达到规定长度; (4)线夹不应歪斜,相邻两模间重叠不小于 5 mm; (5)压力值应达到规定值,压接后六角形对边尺寸不大于压接管外径的 0.866 倍加 0.2 mm			
	3	母线与金具螺栓连接	(1)螺栓均匀拧紧,露出螺母 2~3 扣; (2)导线与线夹间铝包带绕向应与外层铝股绕向一致,两端露出线夹口不超过 10 mm,且端口应回到线夹内压紧			
	4	母线弛度	与设计值偏差-2.5%~+5%,同挡距内三相母线弛度应一致			

续表 9007.2

项次		检验项目	质量要求	检验结果	检验人(签字)
主控项目	1	软母线架设的其他要求	(1)软母线和组合导线在挡距内无连接接头,软母线经螺栓耐张线夹引至设备时不应切断,为一个整体; (2)扩径导线的弯曲度不小于导线外径的30倍; (3)组合导线间隔金具及固定线夹在导线上的固定位置符合设计文件要求,其距离允许偏差为±3%,安装牢固,与导线垂直; (4)组合导线载流导体与承重钢索组合后,其驰度一致,导线与终端固定金具的连接应符合 GB 50149 的规定		
	2	悬式绝缘子串安装	(1)悬式绝缘子经交流耐压试验合格; (2)悬式绝缘子串与地面垂直,个别绝缘子串允许有小于5°的倾斜角; (3)多串绝缘子并联时,每串所受的张力均匀; (4)组合连接用螺栓、穿钉、弹簧销子等完整、穿向一致。开口销分开并无折断或裂纹; (5)均压环、屏蔽环安装牢固,位置正确		

检查意见:

主控项目共＿＿＿＿＿＿＿项,其中符合SL 639—2013质量要求＿＿＿＿＿＿＿项。

一般项目共＿＿＿＿＿＿＿项,其中符合SL 639—2013质量要求＿＿＿＿＿＿＿项,与SL 639—2013有微小出入＿＿＿＿＿＿＿项。

安装单位 评定人	(签字) 年　月　日	监理工程师	(签字) 年　月　日

_____工程

表 9007.3　软母线装置电气试验质量检查表

编号：_____

分部工程名称			单元工程名称	
安装内容				
安装单位			开/完工日期	

项次		检验项目	质量要求	检验结果	检验人（签字）
主控项目	1	绝缘电阻	应符合 GB 50150 的规定		
	2	相位	相位正确		
	3	母线冲击合闸试验	以额定电压对母线冲击合闸 3 次，无异常		

检查意见：

　　主控项目共_____项，其中符合SL 639—2013质量要求_____项。

安装单位 评定人		监理工程师	
	（签字） 年　月　日		（签字） 年　月　日

表 9008　管形母线装置安装单元工程质量验收评定表

单位工程名称			单元工程量	
分部工程名称			安装单位	
单元工程名称、部位			评定日期	
项目		检验结果		
管形母线外观	一般项目			
母线安装	主控项目			
	一般项目			
管形母线装置电气试验	主控项目			
安装单位自评意见	安装质量检验主控项目_____项,全部符合SL 639—2013质量要求;一般项目_____项,与SL 639—2013有微小出入的_____项,所占比率为_____%。质量要求操作试验或试运行符合SL 639—2013的要求,操作试验或试运行_____出现故障。 单元工程安装质量等级评定为:_____。 　　　　　　　　　　　　　　　(签字,加盖公章)　　　　年　月　日			
监理单位复核意见	安装质量检验主控项目_____项,全部符合SL 639—2013质量要求;一般项目_____项,与SL 639—2013有微小出入的_____项,所占比率为_____%。质量要求操作试验或试运行符合SL 639—2013的要求,操作试验或试运行_____出现故障。 单元工程安装质量等级评定为:_____。 　　　　　　　　　　　　　　　(签字,加盖公章)　　　　年　月　日			

表 9008.1　管形母线外观质量检查表

编号：＿＿＿＿＿＿＿＿

分部工程名称			单元工程名称		
安装内容					
安装单位			开/完工日期		

项次		检验项目	质量要求	检验结果	检验人(签字)
一般项目	1	管形母线	光洁平整、无裂纹及变形、扭曲等缺陷		
	2	成套供应的管形母线	(1)各段标志清晰,附件齐全,外壳无变形,内部无损伤; (2)各焊接部位的质量应符合 GB 50149 的规定		
	3	尺寸	管形母线尺寸及误差值符合产品技术文件要求		

检查意见：

　　一般项目共＿＿＿＿＿项,其中符合SL 639—2013质量要求＿＿＿＿＿项,与SL 639—2013有微小出入＿＿＿＿＿项。

安装单位 评定人	(签字) 年　月　日	监理工程师	(签字) 年　月　日

_____工程

表 9008.2　母线安装质量检查表

编号：_____

分部工程名称			单元工程名称		
安装内容					
安装单位			开/完工日期		
项次		检验项目	质量要求	检验结果	检验人（签字）
主控项目	1	母线架设	（1）采用专用连接金具连接； （2）连接金具与管形母线导体接触部位尺寸误差值符合产品技术文件要求； （3）防电晕装置表面光滑、无毛刺或凸凹不平； （4）同相管段轴线处于一个垂直面上、三相母线管段轴线相互平行； （5）固定单相交流母线的固定金具及金属构件不构成闭合铁磁回路； （6）管形母线安装在滑动式支持器上时，支持器的轴座与管母线间有 1~2 mm 的间隙；焊口距支持器边缘距离不小于 50 mm； （7）伸缩节无裂纹、断股、褶皱； （8）均压环及屏蔽罩完整、无变形、固定牢固； （9）管形母线装置安装用的紧固件为镀锌制品或不锈钢制品		
	2	母线焊接	母线焊接采用气体保护焊,焊接接头直流电阻值不大于规格尺寸均相同的原材料直流电阻值的 1.05 倍。母线焊接符合 GB 50149 的规定		

_____工程

续表 9008.2

项次	检验项目	质量要求	检验结果	检验人(签字)
一般项目	1 母线加工	(1)切断管口平整并与轴线垂直,管形母线坡口光滑、均匀、无毛刺; (2)母线对接焊口距母线支持器夹板边缘距离不小于50 mm; (3)按制造长度供应的铝合金管,弯曲度应符合表1-9的要求		
	2 支持绝缘子	(1)安装在同一平面或垂直面上的支持绝缘子,应位于同一平面,其中心线位置符合设计要求,母线直线段的支柱绝缘子的安装中心线在同一直线上,支柱绝缘子叠装时,中心线一致; (2)支持绝缘子试验应符合GB 50150的规定		
	3 相色标志	齐全、正确		
	4 带电体间及带电体对其他物体间距离	符合设计文件要求		

检查意见:
主控项目共_____项,其中符合SL 639—2013质量要求_____项。
一般项目共_____项,其中符合SL 639—2013质量要求_____项,与SL 639—2013有微小出入_____项。

安装单位评定人	(签字) 年 月 日	监理工程师	(签字) 年 月 日

_____工程

表 9008.3　管形母线装置电气试验质量检查表

编号：_____

分部工程名称			单元工程名称		
安装内容					
安装单位			开/完工日期		
项次		检验项目	质量要求	检验结果	检验人（签字）
主控项目	1	绝缘电阻	应符合 GB 50150 的规定		
	2	相位	相位正确		
	3	冲击合闸试验	额定电压冲击合闸 3 次,无异常		

检查意见：
　　主控项目共_____项,其中符合SL 639—2013质量要求_____项。

安装单位 评定人	（签字） 年　月　日	监理工程师	（签字） 年　月　日

表 9009 电力电缆安装单元工程质量验收评定表

单位工程名称			单元工程量	
分部工程名称			安装单位	
单元工程名称、部位			评定日期	
项目		检验结果		
电力电缆支架安装	主控项目			
	一般项目			
电力电缆敷设	主控项目			
	一般项目			
终端头和电缆接头制作	主控项目			
	一般项目			
电气试验	主控项目			
安装单位自评意见	安装质量检验主控项目_____项,全部符合SL 639—2013质量要求;一般项目_____项,与SL 639—2013有微小出入的_____项,所占比率为_____%。质量要求操作试验或试运行符合SL 639—2013的要求,操作试验或试运行_____出现故障。 单元工程安装质量等级评定为:_____。 (签字,加盖公章)　　　年　月　日			
监理单位复核意见	安装质量检验主控项目_____项,全部符合SL 639—2013质量要求;一般项目_____项,与SL 639—2013有微小出入的_____项,所占比率为_____%。质量要求操作试验或试运行符合SL 639—2013的要求,操作试验或试运行_____出现故障。 单元工程安装质量等级评定为:_____。 (签字,加盖公章)　　　年　月　日			

_____工程

表 9009.1　电力电缆支架安装质量检查表

编号：_____

分部工程名称			单元工程名称	
安装内容				
安装单位			开/完工日期	

项次		检验项目	质量要求	检验结果	检验人(签字)
主控项目	1	支架层间距离	符合设计文件要求,当无设计要求时,支架层间距离可采用表1-11的规定,且层间净距不小于2倍电缆外径加50 mm		
	2	钢结构竖井	竖井垂直偏差小于其长度的0.2%,对角线的偏差小于对角线长度的0.5%;支架横撑的水平误差小于其宽度的0.2%		
	3	接地	金属电缆支架全长均接地良好		
一般项目	1	电缆支架加工	(1)电缆支架平直,无明显扭曲,切口无卷边、毛刺; (2)支架焊接牢固,无变形,横撑间的垂直净距与设计偏差不大于5 mm; (3)金属电缆支架防腐符合设计文件要求		
	2	电缆支架安装	(1)电缆支架安装牢固; (2)各支架的同层横档水平一致,高低偏差不大于5 mm; (3)托架、支吊架沿桥架走向左右偏差不大于10 mm; (4)支架与电缆沟或建筑物的坡度相同; (5)电缆支架最上层及最下层至沟顶、楼板或沟底、地面的距离符合设计文件要求,设计无要求时,应符合GB 50168的规定; (6)支架防火符合设计文件要求		

检查意见：
　　主控项目共_____项,其中符合SL 639—2013质量要求_____项。
　　一般项目共_____项,其中符合SL 639—2013质量要求_____项,与SL 639—2013有微小出入_____项。

安装单位评定人	(签字) 年　月　日	监理工程师	(签字) 年　月　日

表 9009.2　电力电缆敷设质量检查表

编号：_____

分部工程名称				单元工程名称		
安装内容						
安装单位				开/完工日期		
项次		检验项目	质量要求	检验结果		检验人(签字)
主控项目	1	电缆敷设前检查	(1)电缆型号、电压、规格符合设计文件要求； (2)电缆外观完好，无机械损伤；电缆封端严密			
	2	电缆支持点距离	水平敷设时各支持点间距不大于1 500 mm，垂直敷设时各支持点间距不大于2 000 mm，固定方式符合设计文件要求			
	3	电缆最小弯曲半径	符合表1-12的规定			
	4	防火设施	电缆防火设施安装符合设计文件要求			
一般项目	1	敷设路径	符合设计文件要求			
	2	直埋敷设	(1)直埋电缆表面距地面埋设深度不小于0.7 m； (2)电缆之间、电缆与其他管道、道路、建筑物等之间平行和交叉时的最小净距应符合GB 50168的规定； (3)电缆上、下部铺以不小于100 mm厚的软土或沙层，并加盖保护板，覆盖宽度超过电缆两侧各50 mm； (4)直埋电缆在直线段每隔50~100 m处、电缆接头处、转弯处、进人建筑物等处，有明显的方位标志或标桩			
	3	管道内敷设	(1)钢制保护管内敷设的交流单芯电缆，三相电缆应共穿一管； (2)管道内径符合设计文件要求，管内壁光滑、无毛刺； (3)保护管连接处平滑、严密、高低一致； (4)管道内部无积水，无杂物堵塞。穿入管中电缆的数量符合设计要求，保护层无损伤			

续表 9009.2

项次		检验项目	质量要求	检验结果	检验人(签字)
一般项目	4	沟槽内敷设	(1)槽底填砂厚度为槽深的1/3； (2)沟槽上盖板完整,接头标志完整、正确； (3)电缆与热力管道、热力设备之间的净距,平行时不小于1 m,交叉时不小于0.5 m； (4)交流单芯电缆排列方式符合设计文件要求		
	5	桥梁上敷设	(1)悬吊架设的电缆与桥梁架构之间的净距不小于0.5 m； (2)在经常受到振动的桥梁上敷设的电缆,宜有防振措施		
	6	水底敷设	应符合GB 50168的规定		
	7	电缆接头布置	(1)并列敷设的电缆,其接头的位置宜相互错开； (2)明敷电缆的接头托板托置固定牢靠； (3)直埋电缆接头应有防止机械损伤的保护结构或外设保护盒；位于冻土层内的保护盒,盒内宜注入沥青		
	8	电缆固定	(1)垂直敷设或超过45°倾斜敷设的电缆在每个支架上固定牢靠； (2)水平敷设的电缆,在电缆两端及转弯、电缆接头两端处固定牢靠； (3)单芯电缆的固定符合设计文件要求； (4)交流系统的单芯电缆或分相后的分相铅套电缆的固定夹具不构成闭合磁路		
	9	标志牌	电缆线路编号、型号、规格及起讫地点字迹清晰不易脱落、规格统一、挂装牢固		

检查意见:

主控项目共_____项,其中符合SL 639—2013质量要求_____项。

一般项目共_____项,其中符合SL 639—2013质量要求_____项,与SL 639—2013有微小出入_____项。

安装单位 评定人	(签字) 年 月 日	监理工程师	(签字) 年 月 日

表 9009.3 终端头和电缆接头制作质量检查表

编号：_____

分部工程名称				单元工程名称	
安装内容					
安装单位				开/完工日期	

项次		检验项目	质量要求	检验结果	检验人(签字)
主控项目	1	终端头和电缆接头制作	应符合 GB 50168 的规定及产品技术文件要求		
	2	线芯连接	电缆线芯连接金具为符合标准的连接管和接线端子,连接管和接线端子内径应与电缆线芯匹配,截面宜为线芯截面的 1.2~1.5 倍		
	3	电缆接地线	(1)接地线为铜绞线或镀锡铜编织线; (2)截面 120 mm² 及以下的电缆,接地线截面不小于 16 mm²;截面 150 mm² 及以上的电缆,接地线截面不小于 25 mm²; (3)110 kV 及以上的电缆,接地线截面面积符合设计文件要求		
一般项目	1	终端头和电缆接头的一般检查	(1)型式、规格应与电缆类型要求一致; (2)材料、部件符合产品技术文件要求		
	2	相色标志	电缆终端上有明显的相色标志,且与系统的相位一致		

检查意见：

　　主控项目共_____项,其中符合SL 639—2013质量要求_____项。

　　一般项目共_____项,其中符合SL 639—2013质量要求_____项,与SL 639—2013有微小出入_____项。

安装单位 评定人	(签字) 年　月　日	监理工程师	(签字) 年　月　日

_____工程

表 9009.4　电气试验质量检查表

编号：_____

分部工程名称				单元工程名称		
安装内容						
安装单位				开/完工日期		
项次		检验项目	质量要求	检验结果		检验人（签字）
主控项目	1	电缆线芯对地或对金属屏蔽层和各线芯间绝缘电阻	应符合 GB 50150 的规定			
	2	交流耐压试验	应符合 GB 50150 的规定			
	3	相位	与系统相位一致			
	4	交叉互联系统试验	应符合 GB 50150 的规定			

检查意见：
主控项目共_____项，其中符合SL 639—2013质量要求_____项。

安装单位评定人	（签字） 年　月　日	监理工程师	（签字） 年　月　日

_____工程

表 9010　厂区馈电线路架设单元工程质量验收评定表

单位工程名称			单元工程量	
分部工程名称			安装单位	
单元工程名称、部位			评定日期	
项目			检验结果	
立杆	主控项目			
	一般项目			
馈电线路架设及电杆上电气设备安装	主控项目			
	一般项目			
厂区馈电线路电气试验	主控项目			
	一般项目			
安装单位自评意见		安装质量检验主控项目_____项,全部符合SL 639—2013质量要求;一般项目_____项,与SL 639—2013有微小出入的_____项,所占比率为_____%。质量要求操作试验或试运行符合SL 639—2013的要求,操作试验或试运行_____出现故障。 单元工程安装质量等级评定为:_____。 （签字,加盖公章）　　　年　月　日		
监理单位复核意见		安装质量检验主控项目_____项,全部符合SL 639—2013质量要求;一般项目_____项,与SL 639—2013有微小出入的_____项,所占比率为_____%。质量要求操作试验或试运行符合SL 639—2013的要求,操作试验或试运行_____出现故障。 单元工程安装质量等级评定为:_____。 （签字,加盖公章）　　　年　月　日		

_____工程

表 9010.1 立杆质量检查表

编号：_____

分部工程名称			单元工程名称		
安装内容					
安装单位			开/完工日期		

项次		检验项目	质量要求	检验结果	检验人(签字)
主控项目	1	电杆外观	(1)表面光洁平整,壁厚均匀,无露筋、跑浆; (2)放置地平面检查时,无纵、横向裂纹; (3)杆身弯曲不应超过杆长的0.1%		
	2	绝缘子及瓷横担绝缘子外观	(1)瓷件与铁件组合无歪斜现象,且结合紧密,铁件镀锌良好; (2)瓷釉光滑,无裂纹、缺釉、斑点、烧痕、气泡或瓷釉烧坏等缺陷; (3)弹簧销、弹簧垫的弹力适宜		
	3	单杆杆身倾斜偏差	(1)35 kV 线路允许偏差,不大于杆高的3%; (2)10 kV 及以下线路允许偏差:不大于杆梢直径的一半; (3)转角杆应向外倾斜,横向位移不大于50 mm		
	4	双杆组立偏差	(1)直线杆结构中心与中心桩之间的横向位移不大于50 mm; (2)转角杆结构中心与中心桩之间的横、顺向位移,不大于50 mm; (3)迈步不大于30 mm; (4)两杆高低差小于20 mm; (5)根开中心偏差不超过±30 mm		
	5	电杆弯曲度	整杆弯曲度不超过电杆全长的0.2%		
	6	横担及瓷横担绝缘子安装偏差	(1)横担端部上下歪斜,不大于20 mm; (2)横担端部左右扭斜,不大于20 mm; (3)双杆的横担,横担与电杆连接处的高差不应大于连接距离的0.5%;左右扭斜不应大于横担总长度的1%; (4)瓷横担绝缘子直立安装时,顶端顺线路歪斜,不大于10 mm,水平安装时,顶端宜向上翘起5°~10°,顶端顺线路歪斜不大于20 mm		

_____工程

续表 9010.1

项次		检验项目	质量要求	检验结果	检验人(签字)
一般项目	1	拉线安装	(1)安装后对地平面夹角与设计允许偏差:35 kV架空电力线路不应大于1°,10 kV及以下架空电力线路不应大于3°,特殊地段符合设计文件要求; (2)承力拉线与线路方向中心线对正,分角拉线与线路分角线方向对正,防风拉线与线路方向垂直; (3)跨越道路拉线满足设计文件要求,对通车路面边缘垂直距离不小于5 m; (4)采用UT型线夹、楔形线夹、绑扎固定安装应符合GB 50173的规定		
	2	拉线柱	(1)拉线柱埋设深度符合设计文件要求,设计文件无要求时:采用坠线的,不小于拉线柱长的1/6;采用无坠线的,按其受力情况确定; (2)拉线柱向张力反方向倾斜10°~20°; (3)坠线与拉线柱夹角不小于30°; (4)坠线上端固定点的位置距拉线柱顶端的距离应为250 mm; (5)坠线采用镀锌铁线绑扎固定时,最小缠绕长度应符合表I-14的规定		
	3	顶(撑)杆	(1)顶杆底部埋深不小于0.5 m,且设有防沉措施; (2)与主杆夹角符合设计文件要求,允许偏差为±5°; (3)与主杆连接紧密、牢固		

检查意见:

主控项目共_____项,其中符合SL 639—2013质量要求_____项。

一般项目共_____项,其中符合SL 639—2013质量要求_____项,与SL 639—2013有微小出入_____项。

安装单位 评定人	(签字) 年 月 日	监理工程师	(签字) 年 月 日

_____工程

表 9010.2　馈电线路架设及电杆上电气设备安装质量检查表

编号：_____

分部工程名称			单元工程名称		
安装内容					
安装单位			开/完工日期		
项次		检验项目	质量要求	检验结果	检验人(签字)
主控项目	1	导线连接	（1）导线连接部分线股无缠绕不良、断股、松股等缺陷； （2）不同金属、规格、绞向的导线，严禁在挡距内连接； （3）导线采用钳压连接、液压连接、爆炸压接、缠绕连接、同金属导线采用绑扎连接时应符合 GB 50173 的规定； （4）已展放的导线无磨伤、断股、扭曲、断头等现象； （5）导线若发生损伤，补修应符合 GB 50173 的规定		
	2	导线弧垂	（1）35 kV 架空电力线路紧线弧垂应在挂线后随即检查，弧垂偏差不超过设计弧垂的+5%、−2.5%，且正偏差最大值不超过 500 mm； （2）35 kV 架空电力线路导线或避雷线各相间的弧垂宜一致，在满足弧垂允许偏差时各相间的相对偏差不大于 200 mm； （3）10 kV 及以下架空电力线路导线紧好后，弧垂偏差不超过设计弧垂的±5%。同档内各相导线弧垂宜一致，水平排列的导线弧垂相差不大于 50 mm		
	3	接地	符合 GB 50173 的规定		

续表 9010.2

项次	检验项目	质量要求	检验结果	检验人(签字)
一般项目	1 线路架设前检查	(1)线路所用导线、金具、瓷件等器材的规格、型号规格均应符合设计文件要求; (2)电杆埋设深度应符合 GB 50173 的规定		
	2 引流线、引下线	(1)10~35 kV 架空电力线路当采用并沟线夹连接引流线时,线夹数量不少于 2 个; (2)10 kV 及以下架空电力线路的引流线之间、引流线与主干线之间不同金属导线的连接应有可靠的过渡金具; (3)1~10 kV 线路每相引流线、引下线与邻相的引流线、引下线或导线之间,安装后的净空距离不小于 300 mm;1 kV 以下电力线路,不小于 150 mm		
	3 电杆上电气设备安装	应符合 GB 50173 的规定		
	4 导线架设其他部分	(1)导线固定、防震锤安装应符合 GB 50173 的规定; (2)35 kV 架空电力线路采用悬垂线夹时,绝缘子垂直地平面。特殊情况下,其在顺线路方向与垂直位置的倾斜角不超过 5°; (3)采用绝缘线架设的 1 kV 以下电力线路安装应符合 GB 50173 的规定; (4)线路的导线与拉线、电杆或构架之间安装后的净空距离,35 kV 时,不小于600 mm;1~10 kV 时不小于 200 mm;1 kV 以下时,不小于 100 mm		

检查意见:

主控项目共_____项,其中符合SL 639—2013质量要求_____项。

一般项目共_____项,其中符合SL 639—2013质量要求_____项,与SL 639—2013有微小出入_____项。

安装单位评定人	(签字) 年 月 日	监理工程师	(签字) 年 月 日

_____工程

表 9010.3　厂区馈电线路电气试验质量检查表

编号:_____

分部工程名称				单元工程名称	
安装内容					
安装单位				开/完工日期	
项次		检验项目	质量要求	检验结果	检验人(签字)
主控项目	1	检查相位	各相两侧相位一致		
	2	冲击合闸试验	额定电压下对空载线路冲击合闸3次,合闸过程中线路绝缘无损坏		
一般项目	1	绝缘电阻	应符合 GB 50150 的规定		
	2	杆塔接地电阻	符合设计文件要求		

检查意见:

　　主控项目共_____项,其中符合SL 639—2013质量要求_____项。

　　一般项目共_____项,其中符合SL 639—2013质量要求_____项,与SL 639—2013有微小出入_____项。

安装单位 评定人		(签字) 年　月　日	监理工程师		(签字) 年　月　日

第 10 部分

信息自动化工程验收评定表

表 10001　计算机监控系统传感器安装单元工程质量验收评定表

表 10002　计算机监控系统现地控制安装单元工程质量验收评定表

表 10003　计算机监控系统电缆安装单元工程质量验收评定表

表 10004　计算机监控系统站控硬件安装单元工程质量验收评定表

表 10005　计算机监控系统站控软件单元工程质量验收评定表

表 10006　计算机监控系统显示设备安装单元工程质量验收评定表

表 10007　视频系统视频前端设备和视频主机安装单元工程质量验收评定表

表 10008　视频系统电缆安装单元工程质量验收评定表

表 10009　视频系统显示设备安装单元工程质量验收评定表

表 10010　安全监测系统测量控制设备安装单元工程质量验收评定表

表 10011　安全监测系统中心站设备安装单元工程质量验收评定表

表 10012　计算机网络系统综合布线单元工程质量验收评定表

表 10013　计算机网络系统网络设备安装单元工程质量验收评定表

表 10014　信息管理系统硬件安装单元工程质量验收评定表

表 10015　信息管理系统软件单元工程质量验收评定表

_____工程

表 10001　计算机监控系统传感器安装单元工程质量验收评定表

单位工程名称		单元工程量	
分部工程名称		安装单位	
单元工程名称、部位		评定日期	年　月　日

项目		检验结果
外观检查		
传感器安装	主控项目	
	一般项目	
各项试验和试运行效果		
安装单位自评意见	安装质量检验主控项目_____项,全部符合相关质量要求;一般项目_____项,与相关质量要求有微小出入的_____项,所占比率为_____%。质量要求操作试验或试运行符合设计和规范要求,操作试验或试运行中_____出现故障。 　　单元工程安装质量等级评定为:_____。 <div align="right">(签字,加盖公章)　　年　月　日</div>	
监理单位复核意见	安装质量检验主控项目_____项,全部符合相关质量要求;一般项目_____项,与相关质量要求有微小出入的_____项,所占比率为_____%。质量要求操作试验或试运行符合设计和规范要求,操作试验或试运行中_____出现故障。 　　单元工程安装质量等级评定为:_____。 <div align="right">(签字,加盖公章)　　年　月　日</div>	

注:依据 GB 50093、GB/T 50138、SL 21、SL 61。

_____工程

表 10001.1 自动化设备(仪表)等外观质量检查表

编号:_____

分部工程名称					单位工程名称		
安装内容							
安装单位					开/完工日期		
序号	设备(仪表)名称	型号、规格	数量	工作状态	资料	检验结果	检验人(签字)
1							
2							
3							
4							
5							
6							
7							
8							
9							
10							
11							
12							
13							
14							
15							
16							

检查意见:

　　设备(仪表)型号、规格、数量、工作状态等_____符合设计与相关技术标准要求和合同约定。

安装单位 评定人	(签字) 年 月 日	监理工程师	(签字) 年 月 日

表10001.2　传感器安装质量检查表

编号：_____

分部工程名称			安装单位		
安装内容					
单元工程名称、部位			安装日期	年 月 日至 年 月 日	

项次		检验项目	质量要求	检验结果	检验人（签字）
主控项目	1	测量误差	水位	1.水位变幅≤10 m：±20 mm； 2.水位变幅>10~15 m：全量程±0.2%； 3.水位变幅>15 m：±30 mm		
			闸位	±20 mm		
			温度	±1 ℃		
			电量	符合设计和规范要求		
			压力	符合设计和规范要求		
			转速	符合设计和规范要求		
			雨量	±4%		
			流量	符合设计和规范要求		
			水质	符合设计和规范要求		
			其他	符合设计和规范要求		
	2	安装位置	浮子式水位计	高于最高水位500 mm，浮子与井壁间隙≥50 mm，钢丝绳长度满足最低水位测量要求		
			压力式水位计	低于设计最低水位500 mm		
			超声波水位计	垂直水面，高于最高水位加仪器盲区，能测得最低水位		
			雨量计	承雨口水平，安装高度符合设计和规范要求		
			其他传感器	符合设计和产品技术要求		
一般项目	1	安装外观质量		表面无凹痕、划伤、裂痕、变形和污染		
	2	设备固定		安装牢固、端正，防护得当		
	3	线端连接		布线整齐，固定可靠，标识正确清晰		

检查意见：
　　主控项目共_____项，其中符合相关质量要求_____项。
　　一般项目共_____项，其中符合相关质量要求_____项，与相关质量要求有微小出入_____项。

安装单位评定人	（签字） 年 月 日	监理工程师	（签字） 年 月 日

_____工程

表 10001.3　自动化试运行检验评定表

编号：_____

分部工程名称			安装单位		
安装内容					
单元工程名称、部位			安装日期	年 月 日至	年 月 日

项次	检验项目		质量要求	检验结果	检验人（签字）
1	传感器		符合设计和规范要求,设备完好率100%,正常使用率≥95%		
2	现地控制单元		符合设计和规范要求,设备完好率100%,正常使用率≥98%		
3	站控单元硬件		符合设计和规范要求,设备完好率100%,正常使用率≥95%		
4	站控单元软件	数据采集与处理	开关量采集正确率100%,模拟量、电气量、温度量采集正确率≥98%,数据处理正确率≥98%		
		操作控制与自动调节	流程控制、单步控制正确率100%。可根据设定参数自动调节设备,调节精度符合产品或设计要求		
		故障反应	正确、及时反应故障信息,正确率≥98%		
		数据入库与统计	数据入库率≥98%,数据统计正确率≥98%		
		数据查询	查询功能完备,所有入库数据、统计数据均能查询		
		报表打印	根据要求自动、手动打印各种报表		
5	显示设备		符合设计和规范要求,显示正常、清晰		
6	视频前端设备和主机		符合设计和规范要求,设备完好率100%,正常使用率≥95%;摄像机图像质量符合要求,摄像机控制正常		
7	监测仪器		符合设计和规范要求,设备完好率符合要求,正常使用率≥95%		
8	测量控制单元		符合设计和规范要求,设备完好率100%,正常使用率≥95%		
9	中心站设备		符合设计和规范要求,设备完好率100%,正常使用率≥95%		
10	计算机网络		网络运行正常,数据传输与交互迅速		
11	信息管理		运行数据管理正常,发布工程信息正确		

检查意见：

　　自动化试运行正常,符合设计和相关技术标准要求,且_____。

安装单位评定人	（签字） 年 月 日	监理工程师	（签字） 年 月 日

_____工程

表 10002 计算机监控系统现地控制安装单元工程质量验收评定表

单位工程名称		单元工程量	
分部工程名称		安装单位	
单元工程名称、部位		评定日期	年　月　日
项目		检验结果	
外观检查			
现地控制安装	主控项目		
	一般项目		
各项试验和试运行效果			
安装单位自评意见	安装质量检验主控项目_____项,全部符合相关质量要求;一般项目_____项,与相关质量要求有微小出入的_____项,所占比率为_____%。质量要求操作试验或试运行符合设计和规范要求,操作试验或试运行中_____出现故障。 　　单元工程安装质量等级评定为:_____。 <div align="right">(签字,加盖公章)　　　年　月　日</div>		
监理单位复核意见	安装质量检验主控项目_____项,全部符合相关质量要求;一般项目_____项,与相关质量要求有微小出入的_____项,所占比率为_____%。质量要求操作试验或试运行符合设计和规范要求,操作试验或试运行中_____出现故障。 　　单元工程安装质量等级评定为:_____。 <div align="right">(签字,加盖公章)　　　年　月　日</div>		

注:依据 GB 50171、GB 50303、GB 50479。

<u>　　　　　　　　　　</u>工程

表 10002.1　自动化设备(仪表)等外观质量检查表

编号:<u>　　　　　</u>

分部工程名称				单位工程名称		
安装内容						
安装单位				开/完工日期		

序号	设备(仪表)名称	型号、规格	数量	工作状态	资料	检验结果	检验人(签字)
1							
2							
3							
4							
5							
6							
7							
8							
9							
10							
11							
12							
13							
14							
15							
16							

检查意见:
　　设备(仪表)型号、规格、数量、工作状态等<u>　　　　</u>符合设计与相关技术标准要求和合同约定。

安装单位评定人	(签字) 年　月　日	监理工程师	(签字) 年　月　日

表 10002.2 现地控制安装质量检查表

编号：_____

分部工程名称					安装单位		
安装内容							
单元工程名称、部位					安装日期	年 月 日至	年 月 日

项次			检验项目	质量要求	检验结果	检验人(签字)
主控项目	1		接地	牢固、可靠,接地电阻≤4 Ω		
	2		避雷	符合设计要求		
	3	通道检测	开关量输入(DI)	正确反映开关量变化,正确率100%		
			开关量输出(DO)	正确控制设备,正确率100%		
			模拟量输入(AI)	正确反映模拟量变化,正确率100%,误差<0.5%		
			模拟量输出(AO)	正确调控设备,正确率100%		
			热电阻(RTD)	正确反映温度量变化,误差±1 ℃		
			其他	正确反映设备状态,正确率100%		
	4	运行状况检验	掉电保持	程序代码、内部寄存器数据和参数不丢失		
			自启动	PLC、触摸屏等设备能自动投入运行		
			PLC 冗余	主备切换正常		
			数据采集	数据采集准确及时		
			输出控制	被控设备动作正确		
	5	界面	内容与布局	(1)画面标题正确、清晰; (2)系统示意图与运行状态图等绘制正确、直观; (3)画面图符及显示颜色符合规范要求; (4)画面美观,布局合理		
			数据刷新时间	<2 s		
			运行监视	动态反映相关设备状态、运行参数和报警信号		
			操作控制	被控设备动作正确		

续表 10002.2

项次		检验项目		质量要求	检验结果	检验人（签字）
一般项目	1	基础槽钢安装		(1)直线偏差<1 mm/m,且全长<5 mm; (2)水平偏差<1 mm/m,且全长<5 mm; (3)位置偏差及平行度偏差全长<5 mm; (4)基础槽钢平面宜高出地面 10 mm; (5)防腐完好		
	2	柜体安装		(1)垂直偏差<1.5 mm/m; (2)柜顶高差:相邻柜 < 2 mm;成列柜<5 mm; (3)柜面偏差:相邻柜 < 1 mm;成列柜<5 mm; (4)柜间接缝偏差<2 mm; (5)柜体与建筑物的距离符合设计要求; (6)柜体固定牢固,柜间连接紧密; (7)柜内安全隔板完整牢固,门锁齐全、开关灵活; (8)辅助开关动作准确,接触可靠; (9)柜底孔洞封堵严密		
	3	设备检查	元器件	完好,固定牢靠,标识正确		
			PLC	外观无损伤,模块无松动,各信号灯正常		
			信号显示	正常		
			电源	(1)LCU 采用不间断电源供电; (2)LCU 内部电源容量大于 1.5 倍工作容量		
	4	二次回路接线		(1)导线排列横平竖直、连接牢固,标识齐全正确; (2)端子每侧接线≤2 根; (3)信号、控制、电源回路端子分开排列		
	5	通信		参数设置正确,速率符合设计要求,数据传输正常		
	6	编程设备和软件		与 PLC、触摸屏等相关设备匹配		

检查意见:

主控项目共_____项,其中符合相关质量要求_____项。

一般项目共_____项,其中符合相关质量要求_____项,与相关质量要求有微小出入_____项。

安装单位评定人	（签字） 年 月 日	监理工程师	（签字） 年 月 日

_____工程

表 10002.3　自动化试运行检验评定表

编号:_____

分部工程名称			安装单位		
安装内容					
单元工程名称、部位			安装日期	年　月　日至　　年　月　日	
项次	检验项目	质量要求	检验结果	检验人(签字)	
1	传感器	符合设计和规范要求,设备完好率100%,正常使用率≥95%			
2	现地控制单元	符合设计和规范要求,设备完好率100%,正常使用率≥98%			
3	站控单元硬件	符合设计和规范要求,设备完好率100%,正常使用率≥95%			
4	站控单元软件　数据采集与处理	开关量采集正确率100%,模拟量、电气量、温度量采集正确率≥98%,数据处理正确率≥98%			
	操作控制与自动调节	流程控制、单步控制正确率100%,可根据设定参数自动调节设备,调节精度符合产品或设计要求			
	故障反应	正确、及时反应故障信息,正确率≥98%			
	数据入库与统计	数据入库率≥98%,数据统计正确率≥98%			
	数据查询	查询功能完备,所有入库数据、统计数据均能查询			
	报表打印	根据要求自动、手动打印各种报表			
5	显示设备	符合设计和规范要求,显示正常、清晰			
6	视频前端设备和主机	符合设计和规范要求,设备完好率100%,正常使用率≥95%;摄像机图像质量符合要求,摄像机控制正常			
7	监测仪器	符合设计和规范要求,设备完好率符合要求,正常使用率≥95%			
8	测量控制单元	符合设计和规范要求,设备完好率100%,正常使用率≥95%			
9	中心站设备	符合设计和规范要求,设备完好率100%,正常使用率≥95%			
10	计算机网络	网络运行正常,数据传输与交互迅速			
11	信息管理	运行数据管理正常,发布工程信息正确			

检查意见:

　　自动化试运行正常,符合设计和相关技术标准要求,且_____。

安装单位 评定人	(签字) 年　月　日	监理工程师	(签字) 年　月　日

· 631 ·

表 10003　计算机监控系统电缆安装单元工程质量验收评定表

单位工程名称		单元工程量	
分部工程名称		安装单位	
单元工程名称、部位		评定日期	年　月　日

项目		检验结果
外观检查		
电缆安装	主控项目	
	一般项目	
安装单位自评意见	安装质量检验主控项目＿＿＿＿＿项,全部符合相关质量要求;一般项目＿＿＿＿＿项,与相关质量要求有微小出入的＿＿＿＿＿项,所占比率为＿＿＿＿＿%。质量要求操作试验或试运行符合设计和规范要求,操作试验或试运行中＿＿＿＿＿出现故障。 　　单元工程安装质量等级评定为:＿＿＿＿＿＿＿。 （签字,加盖公章）　　　年　月　日	
监理单位复核意见	安装质量检验主控项目＿＿＿＿＿项,全部符合相关质量要求;一般项目＿＿＿＿＿项,与相关质量要求有微小出入的＿＿＿＿＿项,所占比率为＿＿＿＿＿%。质量要求操作试验或试运行符合设计和规范要求,操作试验或试运行中＿＿＿＿＿出现故障。 　　单元工程安装质量等级评定为:＿＿＿＿＿＿＿。 （签字,加盖公章）　　　年　月　日	

注:依据 GB 50168、GB 50303、GB 50606。

_____工程

表 10003.1 自动化设备(仪表)等外观质量检查表

编号:_____

分部工程名称		单位工程名称	
安装内容			
安装单位		开/完工日期	

序号	设备(仪表)名称	型号、规格	数量	工作状态	资料	检验结果	检验人 (签字)
1							
2							
3							
4							
5							
6							
7							
8							
9							
10							
11							
12							
13							
14							
15							
16							

检查意见:

设备(仪表)型号、规格、数量、工作状态等_____符合设计与相关技术标准要求和合同约定。

安装单位 评定人		监理工程师	
	(签字) 年 月 日		(签字) 年 月 日

表 10003.2 电缆安装质量检查表

编号：_____

分部工程名称					安装单位		
安装内容							
单元工程名称、部位					安装日期	年 月 日至	年 月 日

项次		检验项目	质量要求	检验结果	检验人（签字）
主控项目	1	电缆敷设	(1)无绞拧、铠装压扁、护层断裂和表面严重划伤等缺陷； (2)不同电压等级的电缆,宜分管敷设,管内电缆无接头； (3)电缆的弯曲半径符合规范要求； (4)电缆出入电缆沟井、建筑物、盘柜等处做密封处理； (5)电缆进入屏柜时的预留长度满足要求； (6)电缆接线、电缆头成端符合规范要求； (7)电缆的首端、末端设标识牌		
	2	接地	(1)牢固、可靠,桥架、导管、线槽及支架的接地电阻≤4 Ω； (2)屏蔽电缆的屏蔽层接地符合规范要求		
一般项目	1	桥架安装	1.转弯半径不小于电缆最小允许弯曲半径； 2.支架间距符合设计要求,无要求时为 1.0~2.0 m； 3.与其他管道的最小净距宜≥0.4 m		
	2	导管敷设	(1)室外电缆导管埋深符合设计要求； (2)弯曲半径不小于电缆最小允许弯曲半径； (3)弯头≤3 个,直角弯≤2 个； (4)进入落地盘柜内的导管管口高出盘柜基础面 50~80 mm； (5)暗管埋设深度与建筑物、构筑物表面的距离>15 mm；明配的导管排列整齐,固定点间距均匀,安装牢固； (6)金属电缆管不宜直接对焊,宜采用套管焊接的方式		
	3	电缆固定	(1)电缆敷设倾斜角度>45°时,在桥架内每隔 2 m 处设固定点,在电缆沟或竖井内,电缆在每个支架上固定； (2)水平敷设的电缆,首尾两端、转弯两侧设固定点		

检查意见：

主控项目共_____项,其中符合相关质量要求_____项。

一般项目共_____项,其中符合相关质量要求_____项,与相关质量要求有微小出入_____项。

安装单位评定人		监理工程师	
	（签字） 年 月 日		（签字） 年 月 日

_____工程

表 10004　计算机监控系统站控硬件安装单元工程质量验收评定表

单位工程名称		单元工程量	
分部工程名称		安装单位	
单元工程名称、部位		评定日期	
项目		检验结果	
外观检查			
站控硬件安装	主控项目		
	一般项目		
各项试验和试运行效果			
安装单位自评意见	安装质量检验主控项目_____项,全部符合相关质量要求;一般项目_____项,与相关质量要求有微小出入的_____项,所占比率为_____%。质量要求操作试验或试运行符合设计和规范要求,操作试验或试运行中_____出现故障。 　　单元工程安装质量等级评定为:_____。 　　　　　　　　　　　　　　　　　　(签字,加盖公章)　　年　月　日		
监理单位复核意见	安装质量检验主控项目_____项,全部符合相关质量要求;一般项目_____项,与相关质量要求有微小出入的_____项,所占比率为_____%。质量要求操作试验或试运行符合设计和规范要求,操作试验或试运行中_____出现故障。 　　单元工程安装质量等级评定为:_____。 　　　　　　　　　　　　　　　　　　(签字,加盖公章)　　年　月　日		

注:依据 GB 50171。

_____工程

表 10004.1 自动化设备(仪表)等外观质量检查表

编号:_____

分部工程名称				单位工程名称			
安装内容							
安装单位				开/完工日期			

序号	设备(仪表)名称	型号、规格	数量	工作状态	资料	检验结果	检验人(签字)
1							
2							
3							
4							
5							
6							
7							
8							
9							
10							
11							
12							
13							
14							
15							
16							

检查意见:
    设备(仪表)型号、规格、数量、工作状态等_____符合设计与相关技术标准要求和合同约定。

安装单位评定人	(签字) 年 月 日	监理工程师	(签字) 年 月 日

_____工程

表 10004.2 站控硬件安装质量检查表

编号：_____

分部工程名称				安装单位		
安装内容						
单元工程名称、部位				安装日期	年 月 日至 年 月 日	

项次		检验项目	质量要求	检验结果	检验人（签字）
主控项目	1	接地	牢固、可靠,接地电阻≤4 Ω		
	2	不间断电源	维持系统正常工作时间≥30 min		
	3	避雷	符合设计和规范要求		
	4	设备性能	符合设计和规范要求		
一般项目	1	控制台柜屏外观	(1)尺寸、样式、材质符合设计要求,表面清洁,涂层完好; (2)布局合理,标识正确、清晰		
	2	设备外观	外观无损伤,紧固件无松动		
	3	基础槽钢安装	(1)直线偏差<1 mm/m,且全长<5 mm; (2)水平偏差<1 mm/m,且全长<5 mm; (3)位置偏差及平行度偏差全长<5 mm; (4)基础槽钢平面宜高出地面 10 mm; (5)防腐完好		
	4	柜体安装	(1)垂直偏差<1.5 mm/m; (2)柜顶高差:相邻柜<2 mm;成列柜<5mm; (3)柜面偏差:相邻柜<1 mm;成列柜<5 mm; (4)柜间接缝偏差<2 mm; (5)柜体与建筑物的距离符合设计要求; (6)柜体固定牢固,柜间连接紧密; (7)柜内安全隔板完整牢固,门锁齐全、开关灵活; (8)辅助开关动作准确,接触可靠; (9)柜底孔洞封堵严密		
	5	控制台安装	稳固,布线整齐,接线、端子和接插件牢固,标识清楚		
	6	设备安装	连线正确、可靠,标识清楚		

检查意见：
　　主控项目共_____项,其中符合相关质量要求_____项。
　　一般项目共_____项,其中符合相关质量要求_____项,与相关质量要求有微小出入_____项。

安装单位 评定人	（签字） 年 月 日	监理工程师	（签字） 年 月 日

_____工程

表 10004.3 自动化试运行检验评定表

编号：_____

分部工程名称			安装单位		
安装内容					
单元工程名称、部位			安装日期	年 月 日至 年 月 日	
项次	检验项目	质量要求		检验结果	检验人（签字）
1	传感器	符合设计和规范要求,设备完好率100%,正常使用率≥95%			
2	现地控制单元	符合设计和规范要求,设备完好率100%,正常使用率≥98%			
3	站控单元硬件	符合设计和规范要求,设备完好率100%,正常使用率≥95%			
4	站控单元软件	数据采集与处理	开关量采集正确率100%,模拟量、电气量、温度量采集正确率≥98%,数据处理正确率≥98%		
		操作控制与自动调节	流程控制、单步控制正确率100%。可根据设定参数自动调节设备,调节精度符合产品或设计要求		
		故障反应	正确、及时反应故障信息,正确率≥98%		
		数据入库与统计	数据入库率≥98%,数据统计正确率≥98%		
		数据查询	查询功能完备,所有入库数据、统计数据均能查询		
		报表打印	根据要求自动、手动打印各种报表		
5	显示设备	符合设计和规范要求,显示正常、清晰			
6	视频前端设备和主机	符合设计和规范要求,设备完好率100%,正常使用率≥95%;摄像机图像质量符合要求,摄像机控制正常			
7	监测仪器	符合设计和规范要求,设备完好率符合要求,正常使用率≥95%			
8	测量控制单元	符合设计和规范要求,设备完好率100%,正常使用率≥95%			
9	中心站设备	符合设计和规范要求,设备完好率100%,正常使用率≥95%			
10	计算机网络	网络运行正常,数据传输与交互迅速			
11	信息管理	运行数据管理正常,发布工程信息正确			

检查意见：

　　自动化试运行正常,符合设计和相关技术标准要求,且_____。

安装单位评定人	（签字）　年 月 日	监理工程师	（签字）　年 月 日

工程

表 10005　计算机监控系统站控软件单元工程质量验收评定表

单位工程名称			单元工程量		
分部工程名称			安装单位		
单元工程名称、部位			评定日期	年　月　日	
项目			检验结果		
站控软件	主控项目				
	一般项目				
各项试验和试运行效果					
安装单位自评意见	安装质量检验主控项目_____项,全部符合相关质量要求;一般项目_____项,与相关质量要求有微小出入的_____项,所占比率为_____%。质量要求操作试验或试运行符合设计和规范要求,操作试验或试运行中_____出现故障。 单元工程安装质量等级评定为:_____。 （签字,加盖公章）　　年 月 日				
监理单位复核意见	安装质量检验主控项目_____项,全部符合相关质量要求;一般项目_____项,与相关质量要求有微小出入的_____项,所占比率为_____%。质量要求操作试验或试运行符合设计和规范要求,操作试验或试运行中_____出现故障。 单元工程安装质量等级评定为:_____。 （签字,加盖公章）　　年 月 日				

_____工程

表 10005.1　站控软件质量检查表

编号：_____

分部工程名称				安装单位		
安装内容						
单元工程名称、部位				安装日期	年　月　日至　　年　月　日	

项次		检验项目		质量要求	检验结果	检验人（签字）
主控项目	1	数据采集	开关量	(1)正确反映设备状态,正确率100%； (2)响应时间<1 s		
			模拟量	（1）正确反映现场运行参数,正确率100%； (2)响应时间<2 s		
			温度量	(1)正确反映设备温度,正确率100%； (2)响应时间<2 s		
	2	控制与调节	单步控制	(1)发出控制命令,现场设备正确动作； (2)正确显示动作状态		
			流程控制	(1)符合运行规程要求,现场设备动作正确,设备状态显示正确； （2）流程受阻时,显示原因,并退出流程		
			调节	(1)根据调节方式和给定参数,正确调节设备； (2)误差符合要求		
	3	数据通信		通信正常、数据正确		
	4	报警	参数越限	反应正确,响应时间<2 s		
			故障、事故	反应正确,响应时间<1 s		
	5	数据处理		统计、分析、入库、查询等数据处理符合设计要求		
	6	数据库		数据库表结构符合设计要求,入库数据完整		
	7	界面	内容与布局	(1)画面标题正确、清晰； (2)系统示意图、运行状态图绘制正确、直观； (3)画面图符及显示颜色符合规范要求； (4)画面美观,布局合理		

续表 10005.1

项次			检验项目	质量要求	检验结果	检验人(签字)
主控项目	7	界面	刷新时间	<2 s		
			运行监视	(1)电气系统图、网络运行图、闸站设备运行图、温度监视图、报警监视图等齐全; (2)正确反映设备状态和运行参数		
			操作控制	(1)根据授权,通过操作票、单步控制图等能正确发送控制指令; (2)操作受阻时,及时提示故障原因,并退出操作		
			报表	(1)实时运行报表,事件记录和统计报表,水位、流量、雨量报表等齐全; (2)报表数据正确,内容符合设计要求		
			曲线图	(1)水位、流量、温度等曲线图齐全; (2)数据变化反映正确,内容符合设计要求		
			操作指导	巡视线路图、操作说明书、工程简介、规章制度等符合设计要求		
一般项目	1		CPU 负荷率	宜≤50%		
	2		时钟同步	符合设计要求		
	3		通信	通信故障提示、自恢复功能正常		
	4		打印	能打印规定的各种报表、曲线、图形		

检查意见:

主控项目共_____项,其中符合相关质量要求_____项。

一般项目共_____项,其中符合相关质量要求_____项,与相关质量要求有微小出入_____项。

安装单位评定人	(签字) 年 月 日	监理工程师	(签字) 年 月 日

_____工程

表 10005.2　自动化试运行检验评定表

编号：_____

分部工程名称			安装单位		
安装内容					
单元工程名称、部位			安装日期	年　月　日至　　年　月　日	
项次	检验项目		质量要求	检验结果	检验人（签字）
1	传感器		符合设计和规范要求,设备完好率100%,正常使用率≥95%		
2	现地控制单元		符合设计和规范要求,设备完好率100%,正常使用率≥98%		
3	站控单元硬件		符合设计和规范要求,设备完好率100%,正常使用率≥95%		
4	站控单元软件	数据采集与处理	开关量采集正确率100%,模拟量、电气量、温度量采集正确率≥98%,数据处理正确率≥98%		
		操作控制与自动调节	流程控制、单步控制正确率100%,可根据设定参数自动调节设备,调节精度符合产品或设计要求		
		故障反应	正确、及时反应故障信息,正确率≥98%		
		数据入库与统计	数据入库率≥98%,数据统计正确率≥98%		
		数据查询	查询功能完备,所有入库数据、统计数据均能查询		
		报表打印	根据要求自动、手动打印各种报表		
5	显示设备		符合设计和规范要求,显示正常、清晰		
6	视频前端设备和主机		符合设计和规范要求,设备完好率100%,正常使用率≥95%;摄像机图像质量符合要求,摄像机控制正常		
7	监测仪器		符合设计和规范要求,设备完好率符合要求,正常使用率≥95%		
8	测量控制单元		符合设计和规范要求,设备完好率100%,正常使用率≥95%		
9	中心站设备		符合设计和规范要求,设备完好率100%,正常使用率≥95%		
10	计算机网络		网络运行正常,数据传输与交互迅速		
11	信息管理		运行数据管理正常,发布工程信息正确		

检查意见：

自动化试运行正常,符合设计和相关技术标准要求,且_____。

安装单位评定人	（签字）　　年　月　日	监理工程师	（签字）　　年　月　日

_____工程

表10006　计算机监控系统显示设备安装单元工程质量验收评定表

单位工程名称		单元工程量	
分部工程名称		安装单位	
单元工程名称、部位		评定日期	
项目		检验结果	
外观检查			
显示设备安装	主控项目		
	一般项目		
各项试验和试运行效果			
安装单位自评意见	安装质量检验主控项目_____项,全部符合相关质量要求;一般项目_____项,与相关质量要求有微小出入的_____项,所占比率为_____%。质量要求操作试验或试运行符合设计和规范要求,操作试验或试运行中_____出现故障。 　　单元工程安装质量等级评定为:_____。 　　　　　　　　　　　　　　　　　(签字,加盖公章)　　　年　月　日		
监理单位复核意见	安装质量检验主控项目_____项,全部符合相关质量要求;一般项目_____项,与相关质量要求有微小出入的_____项,所占比率为_____%。质量要求操作试验或试运行符合设计和规范要求,操作试验或试运行中_____出现故障。 　　单元工程安装质量等级评定为:_____。 　　　　　　　　　　　　　　　　　(签字,加盖公章)　　　年　月　日		

注:1.依据 GB 50464。

　2.5 级损伤制评分法:图像上不觉察有损伤或干扰存在,5 分;图像上稍有可觉察的损伤或干扰存在,4 分;图像上有明显的损伤或干扰存在,3 分;图像上损伤或干扰较严重,2 分;图像上损伤或干扰极严重,1 分。

_____工程

表 10006.1　自动化设备(仪表)等外观质量检查表

编号:_____

分部工程名称				单位工程名称		
安装内容						
安装单位				开/完工日期		

序号	设备(仪表)名称	型号、规格	数量	工作状态	资料	检验结果	检验人(签字)
1							
2							
3							
4							
5							
6							
7							
8							
9							
10							
11							
12							
13							
14							
15							
16							

检查意见:
　　设备(仪表)型号、规格、数量、工作状态等_____符合设计与相关技术标准要求和合同约定。

安装单位评定人			监理工程师	
	(签字) 　　　年　月　日			(签字) 　　　年　月　日

_____工程

表 10006.2 显示设备安装质量检查表

编号：_____

分部工程名称				安装单位		
安装内容						
单元工程名称、部位				安装日期	年 月 日至	年 月 日

项次		检验项目	质量要求	检验结果	检验人（签字）
主控项目	1	均匀度	亮度、色彩、对比度均匀		
	2	图像质量	主观评分≥4分		
	3	窗口缩放	所选择的窗口随意缩放		
	4	多视窗显示	同时显示多个监视画面的窗口		
	5	显示屏体安装	(1)物理拼接缝符合产品技术要求； (2)屏体水平度≤1 mm； (3)屏体垂直度≤1 mm； (4)屏面平面度≤1 mm		
一般项目	1	外观	完整无损		
	2	安装	(1)牢固、端正； (2)位置符合设计要求； (3)线缆布置整齐、固定可靠，插头牢固 (4)标识正确清晰		

检查意见：

主控项目共_____项,其中符合相关质量要求_____项。

一般项目共_____项,其中符合相关质量要求_____项,与相关质量要求有微小出入_____项。

安装单位评定人	（签字） 年 月 日	监理工程师	（签字） 年 月 日

表10006.3 自动化试运行检验评定表

编号：_____

分部工程名称			安装单位		
安装内容					
单元工程名称、部位			安装日期	年 月 日至	年 月 日

项次	检验项目		质量要求	检验结果	检验人（签字）
1	传感器		符合设计和规范要求,设备完好率100%,正常使用率≥95%		
2	现地控制单元		符合设计和规范要求,设备完好率100%,正常使用率≥98%		
3	站控单元硬件		符合设计和规范要求,设备完好率100%,正常使用率≥95%		
4	站控单元软件	数据采集与处理	开关量采集正确率100%,模拟量、电气量、温度量采集正确率≥98%,数据处理正确率≥98%		
		操作控制与自动调节	流程控制、单步控制正确率100%。可根据设定参数自动调节设备,调节精度符合产品或设计要求		
		故障反应	正确、及时反应故障信息,正确率≥98%		
		数据入库与统计	数据入库率≥98%,数据统计正确率≥98%		
		数据查询	查询功能完备,所有入库数据、统计数据均能查询		
		报表打印	根据要求自动、手动打印各种报表		
5	显示设备		符合设计和规范要求,显示正常、清晰		
6	视频前端设备和主机		符合设计和规范要求,设备完好率100%,正常使用率≥95%;摄像机图像质量符合要求,摄像机控制正常		
7	监测仪器		符合设计和规范要求,设备完好率符合要求,正常使用率≥95%		
8	测量控制单元		符合设计和规范要求,设备完好率100%,正常使用率≥95%		
9	中心站设备		符合设计和规范要求,设备完好率100%,正常使用率≥95%		
10	计算机网络		网络运行正常,数据传输与交互迅速		
11	信息管理		运行数据管理正常,发布工程信息正确		

检查意见：

　　自动化试运行正常,符合设计和相关技术标准要求,且_____。

安装单位评定人	（签字） 年 月 日	监理工程师	（签字） 年 月 日

＿＿＿＿＿＿＿＿＿＿工程

表 10007 视频系统视频前端设备和视频主机安装单元工程质量验收评定表

单位工程名称			单元工程量	
分部工程名称			安装单位	
单元工程名称、部位			评定日期	年 月 日
项目		检验结果		
外观检查				
视频前端设备和视频主机安装	主控项目			
	一般项目			
各项试验和试运行效果				
安装单位自评意见	安装质量检验主控项目＿＿＿＿＿项,全部符合相关质量要求;一般项目＿＿＿＿＿项,与相关质量要求有微小出入的＿＿＿＿＿项,所占比率为＿＿＿＿＿%。质量要求操作试验或试运行符合设计和规范要求,操作试验或试运行中＿＿＿＿＿出现故障。 　　单元工程安装质量等级评定为:＿＿＿＿＿＿＿。 　　　　　　　　　　　　　　　(签字,加盖公章)　　　　年 月 日			
监理单位复核意见	安装质量检验主控项目＿＿＿＿＿项,全部符合相关质量要求;一般项目＿＿＿＿＿项,与相关质量要求有微小出入的＿＿＿＿＿项,所占比率为＿＿＿＿＿%。质量要求操作试验或试运行符合设计和规范要求,操作试验或试运行中＿＿＿＿＿出现故障。 　　单元工程安装质量等级评定为:＿＿＿＿＿＿＿。 　　　　　　　　　　　　　　　(签字,加盖公章)　　　　年 月 日			

注:依据 GB 50198、GB 50395。

_____工程

表 10007.1　自动化设备(仪表)等外观质量检查表

编号:_____

分部工程名称				单位工程名称			
安装内容							
安装单位				开/完工日期			
序号	设备(仪表)名称	型号、规格	数量	工作状态	资料	检验结果	检验人(签字)
1							
2							
3							
4							
5							
6							
7							
8							
9							
10							
11							
12							
13							
14							
15							
16							

检查意见:
　　设备(仪表)型号、规格、数量、工作状态等_____符合设计与相关技术标准要求和合同约定。

安装单位 评定人	(签字) 年 月 日	监理工程师	(签字) 年 月 日

·648·

表 10007.2 频前端设备和视频主机安装质量检查表

编号：_____

分部工程名称			安装单位		
安装内容					
单元工程名称、部位			安装日期	年 月 日至	年 月 日

项次	检验项目		质量要求	检验结果	检验人（签字）
主控项目	1	接地	牢固、可靠，工作接地电阻≤4Ω，防雷接地电阻≤10Ω		
	2	避雷	符合设计要求		
	3	监视范围 · 泵站	能覆盖建筑主体、水泵机组、上下游水域、水位尺等，且符合设计要求		
		水（船）闸	能覆盖建筑主体、闸门、上下游水域及堤防、水位尺等，符合设计要求		
		水库	能覆盖大坝前后、溢（泄）洪道、泄洪闸、涵洞、水位尺等，且符合设计要求		
		其他	符合设计要求		
	4	前端设备稳定性	(1)动作平滑； (2)受大风影响或接受变焦、转动等控制时，无明显抖动		
	5	图像切换和信息叠加	(1)切换正常； (2)叠加到图像上的摄像机编号、时间等信息显示清楚		
	6	图像记录	(1)图像信息具有原始完整性，回放效果清晰； (2)存储容量和记录/回放带宽与检索能力满足管理要求； (3)图像信息中图像编号、记录时间等齐全		

续表 10007.2

项次		检验项目	质量要求	检验结果	检验人（签字）
主控项目	7	权限及安全性	(1)用户及用户权限配置正确； (2)视频丢失检测示警功能正常		
一般项目	1	图像拷贝	拷贝功能正常,图像清楚		
	2	云台调节	水平≥320°,上仰≥15°,下俯≥45°		
	3	镜头调节	光圈自动调节,快速对焦,变倍调节符合产品技术指标		
	4	外观	护罩表面光泽一致,无损伤,接插件无松动		
	5	安装	(1)位置符合设计要求,安装牢固、端正； (2)立柱、法兰和地脚的材质、尺寸,基础尺寸符合设计要求;立柱垂直度≤5 mm/m;防腐完好； (3)线缆布置整齐、固定可靠,插头牢固,标识正确清晰		

检查意见：

主控项目共_____项,其中符合相关质量要求_____项。

一般项目共_____项,其中符合相关质量要求_____项,与相关质量要求有微小出入_____项。

安装单位评定人	（签字） 年 月 日	监理工程师	（签字） 年 月 日

_____工程

表 10007.3　自动化试运行检验评定表

编号：_____

分部工程名称				安装单位		
安装内容						
单元工程名称、部位				安装日期	年 月 日至	年 月 日

项次	检验项目		质量要求	检验结果	检验人（签字）
1	传感器		符合设计和规范要求，设备完好率100%，正常使用率≥95%		
2	现地控制单元		符合设计和规范要求，设备完好率100%，正常使用率≥98%		
3	站控单元硬件		符合设计和规范要求，设备完好率100%，正常使用率≥95%		
4	站控单元软件	数据采集与处理	开关量采集正确率100%，模拟量、电气量、温度量采集正确率≥98%，数据处理正确率≥98%		
		操作控制与自动调节	流程控制、单步控制正确率100%。可根据设定参数自动调节设备，调节精度符合产品或设计要求		
		故障反应	正确、及时反应故障信息，正确率≥98%		
		数据入库与统计	数据入库率≥98%，数据统计正确率≥98%		
		数据查询	查询功能完备，所有入库数据、统计数据均能查询		
		报表打印	根据要求自动、手动打印各种报表		
5	显示设备		符合设计和规范要求，显示正常、清晰		
6	视频前端设备和主机		符合设计和规范要求，设备完好率100%，正常使用率≥95%；摄像机图像质量符合要求，摄像机控制正常		
7	监测仪器		符合设计和规范要求，设备完好率符合要求，正常使用率≥95%		
8	测量控制单元		符合设计和规范要求，设备完好率100%，正常使用率≥95%		
9	中心站设备		符合设计和规范要求，设备完好率100%，正常使用率≥95%		
10	计算机网络		网络运行正常，数据传输与交互迅速		
11	信息管理		运行数据管理正常，发布工程信息正确		

检查意见：

自动化试运行正常，符合设计和相关技术标准要求，且_____。

安装单位评定人	（签字） 年 月 日	监理工程师	（签字） 年 月 日

_____工程

表 10008 视频系统电缆安装单元工程质量验收评定表

单位工程名称		单元工程量	
分部工程名称		安装单位	
单元工程名称、部位		评定日期	年 月 日
项目		检验结果	
外观检查			
电缆安装	主控项目		
	一般项目		
安装单位自评意见	安装质量检验主控项目_____项,全部符合相关质量要求;一般项目_____项,与相关质量要求有微小出入的_____项,所占比率为_____%。质量要求操作试验或试运行符合设计和规范要求,操作试验或试运行中_____出现故障。 　　单元工程安装质量等级评定为:_____。 　　　　　　　　　　　　　　　　　　　　(签字,加盖公章)　　　年 月 日		
监理单位复核意见	安装质量检验主控项目_____项,全部符合相关质量要求;一般项目_____项,与相关质量要求有微小出入的_____项,所占比率为_____%。质量要求操作试验或试运行符合设计和规范要求,操作试验或试运行中_____出现故障。 　　单元工程安装质量等级评定为:_____。 　　　　　　　　　　　　　　　　　　　　(签字,加盖公章)　　　年 月 日		

注:依据 GB 50168、GB 50303、GB 50606。

_____工程

表 10008.1 自动化设备(仪表)等外观质量检查表

编号:_____

分部工程名称				单位工程名称			
安装内容							
安装单位				开/完工日期			

序号	设备(仪表)名称	型号、规格	数量	工作状态	资料	检验结果	检验人(签字)
1							
2							
3							
4							
5							
6							
7							
8							
9							
10							
11							
12							
13							
14							
15							
16							

检查意见:
　　设备(仪表)型号、规格、数量、工作状态等_____符合设计与相关技术标准要求和合同约定。

安装单位评定人		监理工程师	
	(签字) 年　月　日		(签字) 年　月　日

表 10008.2 视频电缆安装质量检查表

编号：＿＿＿＿＿＿

分部工程名称				安装单位		
安装内容						
单元工程名称、部位				安装日期	年 月 日至 年 月 日	

项次		检验项目	质量要求	检验结果	检验人（签字）
主控项目	1	电缆敷设	(1)无绞拧、铠装压扁、护层断裂和表面严重划伤等缺陷； (2)不同电压等级的电缆,宜分管敷设,管内电缆无接头； (3)电缆的弯曲半径符合规范要求； (4)电缆出入电缆沟井、建筑物、盘柜等处做密封处理； (5)电缆进入屏柜时的预留长度满足要求； (6)电缆接线、电缆头成端符合规范要求； (7)电缆的首端、末端设标识牌		
	2	接地	(1)牢固、可靠,桥架、导管、线槽及支架的接地电阻≤4 Ω； (2)屏蔽电缆的屏蔽层接地符合规范要求		
一般项目	1	桥架安装	(1)转弯半径不小于电缆最小允许弯曲半径； (2)支架间距符合设计要求,无要求时为 1.0~2.0 m； (3)与其他管道的最小净距宜≥0.4 m		
	2	导管敷设	(1)室外电缆导管埋深符合设计要求； (2)弯曲半径不小于电缆最小允许弯曲半径； (3)弯头≤3 个,直角弯≤2 个； (4)进入落地盘柜内的导管管口高出盘柜基础面50~80 mm； (5)暗管埋设深度与建筑物、构筑物表面的距离>15 mm;明配的导管排列整齐,固定点间距均匀,安装牢固； (6)金属电缆管不宜直接对焊,宜采用套管焊接的方式		
	3	电缆固定	(1)电缆敷设倾斜角度>45°时,在桥架内每隔2 m处设固定点,在电缆沟或竖井内,电缆在每个支架上固定； (2)水平敷设的电缆,首尾两端、转弯两侧设固定点		

检查意见：

　　主控项目共＿＿＿＿项,其中符合相关质量要求＿＿＿＿项。

　　一般项目共＿＿＿＿项,其中符合相关质量要求＿＿＿＿项,与相关质量要求有微小出入＿＿＿＿项。

安装单位 评定人	（签字） 年 月 日	监理工程师	（签字） 年 月 日

_____工程

表 10009　视频系统显示设备安装单元工程质量验收评定表

单位工程名称		单元工程量	
分部工程名称		安装单位	
单元工程名称、部位		评定日期	

项目		检验结果
外观检查		
显示设备安装	主控项目	
	一般项目	
各项试验和试运行效果		

安装单位自评意见	安装质量检验主控项目_____项,全部符合相关质量要求;一般项目_____项,与相关质量要求有微小出入的_____项,所占比率为_____%。质量要求操作试验或试运行符合设计和规范要求,操作试验或试运行中_____出现故障。 　　单元工程安装质量等级评定为:_____。 <div align="right">(签字,加盖公章)　　　年　月　日</div>
监理单位复核意见	安装质量检验主控项目_____项,全部符合相关质量要求;一般项目_____项,与相关质量要求有微小出入的_____项,所占比率为_____%。质量要求操作试验或试运行符合设计和规范要求,操作试验或试运行中_____出现故障。 　　单元工程安装质量等级评定为:_____。 <div align="right">(签字,加盖公章)　　　年　月　日</div>

注:1.依据 GB 50464。
　　2.5 级损伤制评分法:图像上不觉察有损伤或干扰存在,5 分;图像上稍有可觉察的损伤或干扰存在,4 分;图像上有明显的损伤或干扰存在,3 分;图像上损伤或干扰较严重,2 分;图像上损伤或干扰极严重,1 分。

_____工程

表 10009.1 自动化设备(仪表)等外观质量检查表

编号：_____

分部工程名称					单位工程名称		
安装内容							
安装单位					开/完工日期		

序号	设备(仪表)名称	型号、规格	数量	工作状态	资料	检验结果	检验人(签字)
1							
2							
3							
4							
5							
6							
7							
8							
9							
10							
11							
12							
13							
14							
15							
16							

检查意见：
　　设备(仪表)型号、规格、数量、工作状态等_____符合设计与相关技术标准要求和合同约定。

安装单位评定人	(签字) 年 月 日	监理工程师	(签字) 年 月 日

表 10009.2 视频系统显示设备安装质量检查表

编号：_____

分部工程名称				安装单位		
安装内容						
单元工程名称、部位				安装日期	年 月 日至 年 月 日	

项次		检验项目	质量要求	检验结果		检验人（签字）
主控项目	1	均匀度	亮度、色彩、对比度均匀			
	2	图像质量	主观评分≥4分			
	3	窗口缩放	所选择的窗口随意缩放			
	4	多视窗显示	同时显示多个监视画面的窗口			
	5	显示屏体安装	(1)物理拼接缝符合产品技术要求； (2)屏体水平度≤1 mm； (3)屏体垂直度≤1 mm； (4)屏面平面度≤1 mm			
一般项目	1	外观	完整无损			
	2	安装	(1)牢固、端正； (2)位置符合设计要求； (3)线缆布置整齐、固定可靠，插头牢固 (4)标识正确清晰			

检查意见：

主控项目共_____项，其中符合相关质量要求_____项。

一般项目共_____项，其中符合相关质量要求_____项，与相关质量要求有微小出入_____项。

安装单位评定人	（签字） 年 月 日	监理工程师	（签字） 年 月 日

_____工程

表 10009.3 自动化试运行检验评定表

编号：_____

分部工程名称				安装单位		
安装内容						
单元工程名称、部位				安装日期	年 月 日至	年 月 日
项次	检验项目		质量要求	检验结果		检验人（签字）
1	传感器		符合设计和规范要求,设备完好率100%,正常使用率≥95%			
2	现地控制单元		符合设计和规范要求,设备完好率100%,正常使用率≥98%			
3	站控单元硬件		符合设计和规范要求,设备完好率100%,正常使用率≥95%			
4	站控单元软件	数据采集与处理	开关量采集正确率100%,模拟量、电气量、温度量采集正确率≥98%,数据处理正确率≥98%			
		操作控制与自动调节	流程控制、单步控制正确率100%。可根据设定参数自动调节设备,调节精度符合产品或设计要求			
		故障反应	正确、及时反应故障信息,正确率≥98%			
		数据入库与统计	数据入库率≥98%,数据统计正确率≥98%			
		数据查询	查询功能完备,所有入库数据、统计数据均能查询			
		报表打印	根据要求自动、手动打印各种报表			
5	显示设备		符合设计和规范要求,显示正常、清晰			
6	视频前端设备和主机		符合设计和规范要求,设备完好率100%,正常使用率≥95%;摄像机图像质量符合要求,摄像机控制正常			
7	监测仪器		符合设计和规范要求,设备完好率符合要求,正常使用率≥95%			
8	测量控制单元		符合设计和规范要求,设备完好率100%,正常使用率≥95%			
9	中心站设备		符合设计和规范要求,设备完好率100%,正常使用率≥95%			
10	计算机网络		网络运行正常,数据传输与交互迅速			
11	信息管理		运行数据管理正常,发布工程信息正确			

检查意见：

　　自动化试运行正常,符合设计和相关技术标准要求,且_____。

安装单位评定人	（签字） 年 月 日	监理工程师	（签字） 年 月 日

_____工程

表 10010　安全监测系统测量控制设备安装单元工程质量验收评定表

单位工程名称		单元工程量		
分部工程名称		安装单位		
单元工程名称、部位		评定日期	年　月　日	
项目		检验结果		
外观检查				
测量控制设备安装	主控项目			
	一般项目			
各项试验和试运行效果				
安装单位自评意见	安装质量检验主控项目_____项,全部符合相关质量要求;一般项目_____项,与相关质量要求有微小出入的_____项,所占比率为_____%。质量要求操作试验或试运行符合设计和规范要求,操作试验或试运行中_____出现故障。 　　单元工程安装质量等级评定为:_____。 　　　　　　　　　　　　　　　　　　(签字,加盖公章)　　年　月　日			
监理单位复核意见	安装质量检验主控项目_____项,全部符合相关质量要求;一般项目_____项,与相关质量要求有微小出入的_____项,所占比率为_____%。质量要求操作试验或试运行符合设计和规范要求,操作试验或试运行中_____出现故障。 　　单元工程安装质量等级评定为:_____。 　　　　　　　　　　　　　　　　　　(签字,加盖公章)　　年　月　日			

注:依据 GB/T 22358、SL 551。

_____工程

表 10010.1　自动化设备(仪表)等外观质量检查表

编号:_____

分部工程名称				单位工程名称			
安装内容							
安装单位				开/完工日期			
序号	设备(仪表)名称	型号、规格	数量	工作状态	资料	检验结果	检验人(签字)
1							
2							
3							
4							
5							
6							
7							
8							
9							
10							
11							
12							
13							
14							
15							
16							

检查意见:
　　设备(仪表)型号、规格、数量、工作状态等_____符合设计与相关技术标准要求和合同约定。

安装单位评定人	(签字) 年　月　日	监理工程师	(签字) 年　月　日

_____工程

表 10010.2　测量控制设备安装质量检查表

编号:_____

分部工程名称			单元工程名称		
安装内容					
安装单位			开/完工日期		

项次		检验项目	质量要求	检验结果	检验人 (签字)
主控项目	1	防雷接地	牢固、可靠,接地电阻≤10 Ω		
	2	功能	(1)选测、巡测和数据暂存正常; (2)接收采集计算机的命令设定、修改时钟和测控参数正确; (3)数据存储容量符合设计要求; (4)自检、自诊断功能正常; (5)电源管理、掉电保护功能正常; (6)现场监测仪器数据巡测 1 次的时间、召测命令响应时间符合要求,巡测间隔时间可设定		
一般项目	1	外观	机箱表面光泽一致,无损伤		
	2	安装	(1)箱体安装牢固平整,内部接插件无松动,户外箱体防护等级达到 IP 55; (2)支座及支架安装牢固,并作防腐处理; (3)线缆布置整齐、固定可靠,插头牢固,标识正确清晰		

检查意见:

　　主控项目共_____项,其中符合相关质量要求_____项。

　　一般项目共_____项,其中符合相关质量要求_____项,与相关质量要求有微小出入_____项。

安装单位 评定人		监理工程师	
	(签字) 年　月　日		(签字) 年　月　日

表 10010.3　自动化试运行检验评定表

编号:＿＿＿＿＿＿

分部工程名称				安装单位		
安装内容						
单元工程名称、部位				安装日期	年　月　日至	年　月　日

项次	检验项目		质量要求	检验结果	检验人 (签字)
1	传感器		符合设计和规范要求,设备完好率100%,正常使用率≥95%		
2	现地控制单元		符合设计和规范要求,设备完好率100%,正常使用率≥98%		
3	站控单元硬件		符合设计和规范要求,设备完好率100%,正常使用率≥95%		
4	站控单元软件	数据采集与处理	开关量采集正确率100%,模拟量、电气量、温度量采集正确率≥98%,数据处理正确率≥98%		
		操作控制与自动调节	流程控制、单步控制正确率100%。可根据设定参数自动调节设备,调节精度符合产品或设计要求		
		故障反应	正确、及时反应故障信息,正确率≥98%		
		数据入库与统计	数据入库率≥98%,数据统计正确率≥98%		
		数据查询	查询功能完备,所有入库数据、统计数据均能查询		
		报表打印	根据要求自动、手动打印各种报表		
5	显示设备		符合设计和规范要求,显示正常、清晰		
6	视频前端设备和主机		符合设计和规范要求,设备完好率100%,正常使用率≥95%;摄像机图像质量符合要求,摄像机控制正常		
7	监测仪器		符合设计和规范要求,设备完好率符合要求,正常使用率≥95%		
8	测量控制单元		符合设计和规范要求,设备完好率100%,正常使用率≥95%		
9	中心站设备		符合设计和规范要求,设备完好率100%,正常使用率≥95%		
10	计算机网络		网络运行正常,数据传输与交互迅速		
11	信息管理		运行数据管理正常,发布工程信息正确		

检查意见:
　　自动化试运行正常,符合设计和相关技术标准要求,且＿＿＿＿＿＿＿＿。

安装单位 评定人	(签字) 年　月　日	监理工程师	(签字) 年　月　日

＿＿＿＿＿＿＿＿＿＿工程

表 10011　安全监测系统中心站设备安装单元工程质量验收评定表

单位工程名称			单元工程量	
分部工程名称			安装单位	
单元工程名称、部位			评定日期	年　月　日
项目			检验结果	
外观检查				
测量控制设备安装	主控项目			
	一般项目			
各项试验和试运行效果				
安装单位自评意见	安装质量检验主控项目＿＿＿＿＿项,全部符合相关质量要求;一般项目＿＿＿＿＿项,与相关质量要求有微小出入的＿＿＿＿＿项,所占比率为＿＿＿＿＿%。质量要求操作试验或试运行符合设计和规范要求,操作试验或试运行中＿＿＿＿＿出现故障。 　　　单元工程安装质量等级评定为:＿＿＿＿＿＿＿＿。 　　　　　　　　　　　　　　　　(签字,加盖公章)　　　年　月　日				
监理单位复核意见	安装质量检验主控项目＿＿＿＿＿项,全部符合相关质量要求;一般项目＿＿＿＿＿项,与相关质量要求有微小出入的＿＿＿＿＿项,所占比率为＿＿＿＿＿%。质量要求操作试验或试运行符合设计和规范要求,操作试验或试运行中＿＿＿＿＿出现故障。 　　　单元工程安装质量等级评定为:＿＿＿＿＿＿＿＿。 　　　　　　　　　　　　　　　　(签字,加盖公章)　　　年　月　日				

注:依据 GB/T 22358、SL 551、DL/T 5211。

_____工程

表 10011.1　自动化设备(仪表)等外观质量检查表

编号：_____

分部工程名称		单位工程名称	
安装内容			
安装单位		开/完工日期	

序号	设备(仪表)名称	型号、规格	数量	工作状态	资料	检验结果	检验人 (签字)
1							
2							
3							
4							
5							
6							
7							
8							
9							
10							
11							
12							
13							
14							
15							
16							

检查意见：

　　设备(仪表)型号、规格、数量、工作状态等_____符合设计与相关技术标准要求和合同约定。

安装单位 评定人 (签字) 年　月　日		监理工程师 (签字) 年　月　日	

_____工程

表 10011.2　中心站设备安装质量检查表

编号：_____

分部工程名称				单元工程名称		
安装内容						
安装单位				开/完工日期		

项次		检验项目	质量要求	检验结果	检验人（签字）
主控项目	1	接地	牢固、可靠，接地电阻≤4 Ω		
	2	不间断电源	维持系统正常工作时间≥30 min		
	3	避雷	符合设计和规范要求		
	4	设备性能	符合设计和规范要求		
	5	数据采集	人工召测和自动采集正常，采集时间符合设计要求		
	6	分析处理	水位、变形、渗流、渗压、温度等监测数据分析处理正确		
	7	数据库	数据存储完整，交换可靠		
	8	运行管理	文档管理、图形报表制作、中短期预测预报、人工巡查信息管理等功能正常；过程图、分布图、等值线图和报表等齐全		
	9	安全报警	正常		
一般项目	1	控制台外观	尺寸、样式、材质符合设计要求，布局合理，外观无损伤		
	2	设备外观	外观无损伤，紧固件无松动		
	3	控制台安装	稳固，布线整齐，接线、端子和接插件牢固，标识清楚		
	4	设备安装	连线正确、可靠，标识清楚		
	5	软件安装	计算机和服务器操作系统、数据库、应用软件符合设计要求		
	6	时钟同步	符合设计要求		
	7	通信	通信故障提示、自恢复功能正常		

检查意见：

　　主控项目共_____项，其中符合相关质量要求_____项。

　　一般项目共_____项，其中符合相关质量要求_____项，与相关质量要求有微小出入_____项。

安装单位评定人	（签字） 年 月 日	监理工程师	（签字） 年 月 日

表 10011.3　自动化试运行检验评定表

编号：_____

分部工程名称			安装单位		
安装内容					
单元工程 名称、部位			安装日期	年　月　日至　年　月　日	
项次	检验项目		质量要求	检验结果	检验人 （签字）
1	传感器		符合设计和规范要求，设备完好率100%，正常使用率≥95%		
2	现地控制单元		符合设计和规范要求，设备完好率100%，正常使用率≥98%		
3	站控单元硬件		符合设计和规范要求，设备完好率100%，正常使用率≥95%		
4	站控单元软件	数据采集与处理	开关量采集正确率100%，模拟量、电气量、温度量采集正确率≥98%，数据处理正确率≥98%		
		操作控制与自动调节	流程控制、单步控制正确率100%，可根据设定参数自动调节设备，调节精度符合产品或设计要求		
		故障反应	正确、及时反应故障信息，正确率≥98%		
		数据入库与统计	数据入库率≥98%，数据统计正确率≥98%		
		数据查询	查询功能完备，所有入库数据、统计数据均能查询		
		报表打印	根据要求自动、手动打印各种报表		
5	显示设备		符合设计和规范要求，显示正常、清晰		
6	视频前端设备和主机		符合设计和规范要求，设备完好率100%，正常使用率≥95%；摄像机图像质量符合要求，摄像机控制正常		
7	监测仪器		符合设计和规范要求，设备完好率符合要求，正常使用率≥95%		
8	测量控制单元		符合设计和规范要求，设备完好率100%，正常使用率≥95%		
9	中心站设备		符合设计和规范要求，设备完好率100%，正常使用率≥95%		
10	计算机网络		网络运行正常，数据传输与交互迅速		
11	信息管理		运行数据管理正常，发布工程信息正确		

检查意见：

　　自动化试运行正常，符合设计和相关技术标准要求，且_____。

安装单位 评定人	（签字） 年　月　日	监理工程师	（签字） 年　月　日

$$_____工程$$

表 10012 计算机网络系统综合布线单元工程质量验收评定表

单位工程名称		单元工程量	
分部工程名称		安装单位	
单元工程名称、部位		评定日期	年 月 日
项目		检验结果	
外观检查			
计算机网络系统综合布线	主控项目		
	一般项目		
安装单位自评意见	安装质量检验主控项目_____项,全部符合相关质量要求;一般项目_____项,与相关质量要求有微小出入的_____项,所占比率为_____%。质量要求操作试验或试运行符合设计和规范要求,操作试验或试运行中_____出现故障。 　　单元工程安装质量等级评定为:_____。 　　　　　　　　　　　　　　(签字,加盖公章)　　　年 月 日			
监理单位复核意见	安装质量检验主控项目_____项,全部符合相关质量要求;一般项目_____项,与相关质量要求有微小出入的_____项,所占比率为_____%。质量要求操作试验或试运行符合设计和规范要求,操作试验或试运行中_____出现故障。 　　单元工程安装质量等级评定为:_____。 　　　　　　　　　　　　　　(签字,加盖公章)　　　年 月 日			

注:1.依据 GB 50311、GB 50312。

　　2.T 568 A 线序:绿白-1,绿-2,橙白-3,蓝-4,蓝白-5,橙-6,棕白-7,棕-8。

　　3.T 568 B 线序:橙白-1,橙-2,绿白-3,蓝-4,蓝白-5,绿-6,棕白-7,棕-8。

_____工程

表 10012.1　自动化设备(仪表)等外观质量检查表

编号：_____

分部工程名称				单位工程名称			
安装内容							
安装单位				开/完工日期			
序号	设备(仪表)名称	型号、规格	数量	工作状态	资料	检验结果	检验人(签字)
1							
2							
3							
4							
5							
6							
7							
8							
9							
10							
11							
12							
13							
14							
15							
16							

检查意见：
　　设备(仪表)型号、规格、数量、工作状态等_____符合设计与相关技术标准要求和合同约定。

安装单位评定人	(签字)年　月　日	监理工程师	(签字)年　月　日

_____工程

表 10012.2　综合布线质量检查表

编号：_____

分部工程名称				单元工程名称		
安装内容						
安装单位				开/完工日期		

项次		检验项目	质量要求	检验结果	检验人（签字）
主控项目	1	电气防护及接地	符合 GB 50311 要求		
	2	缆线弯曲半径	（1）非屏蔽 4 对对绞电缆：≥4 倍电缆外径； （2）屏蔽 4 对对绞电缆：≥8 倍电缆外径； （3）主干对绞电缆：≥10 倍电缆外径； （4）光缆：≥10 倍光缆外径		
	3 缆线终接	对绞电缆	（1）终接牢固、接触良好； （2）对绞线终接符合 T 568 A、T 568 B 要求，标识清楚； （3）屏蔽层与屏蔽罩连接可靠		
		光缆	（1）光纤接线盒中光纤的弯曲半径符合安装工艺要求； （2）光纤熔接处保护、固定良好； （3）光纤连接损耗值≤0.3 dB		
		跳线	（1）跳线类型符合设计要求； （2）跳线、缆线和连接器件间接触良好，接线正确，标识齐全； （3）跳线长度符合设计要求		
	4	电气测试	符合 GB 50311、GB 50312 要求		
一般项目	1	机柜、机架安装	（1）安装位置符合设计要求，垂直偏差度≤3 mm； （2）各种零部件无脱落或碰坏，漆面完好，标识完整、清晰； （3）盘面整洁，漆面完好，标识完整； （4）柜门开关灵活，周围缝隙<1.5 mm； （5）配线部件安装完整、牢固，标识齐全		

续表10012.1

项次		检验项目	质量要求	检验结果	检验人 (签字)
一般项目	2	信息插座模块安装	(1)安装位置和高度符合设计要求; (2)防水、防尘、抗压功能良好; (3)信息插座模块与电源插座的间距及防护措施符合规范要求; (4)安装牢固,标识齐全		
	3	缆线敷设	(1)缆线布放自然平直,无扭绞、打圈、接头、挤压和损伤; (2)缆线端部标签清晰、端正和正确; (3)缆线余量满足设计和使用要求; (4)缆线保护措施符合 GB 50312 要求		
	4	标识符与标签设置	(1)系统中每组件标识符唯一; (2)所有配线设备、连接器件及信息点处均设置标签,并由唯一的标识符进行表示,标识符与标签的设置符合设计要求; (3)接地体和接地导线指定专用标识符,标签设置在靠近导线和接地体的连接处的明显部位; (4)标签表示内容清晰,材质符合工程应用环境要求,具有耐磨、抗恶劣环境、附着力强等性能; (5)终接色标符合缆线布放要求,缆线两端终接点色标颜色一致		

检查意见:

主控项目共_____项,其中符合相关质量要求_____项。

一般项目共_____项,其中符合相关质量要求_____项,与相关质量要求有微小出入_____项。

安装单位 评定人		监理工程师	
	(签字) 年　月　日		(签字) 年　月　日

_____工程

表 10013　计算机网络系统网络设备安装单元工程质量验收评定表

编号：_____

单位工程名称		单元工程量	
分部工程名称		安装单位	
单元工程名称、部位		评定日期	年　月　日

项目		检验结果	
外观检查			
网络设备安装	主控项目		
	一般项目		
各项试验和试运行效果			
安装单位自评意见	安装质量检验主控项目_____项,全部符合相关质量要求;一般项目_____项,与相关质量要求有微小出入的_____项,所占比率为_____%。质量要求操作试验或试运行符合设计和规范要求,操作试验或试运行中_____出现故障。 　　单元工程安装质量等级评定为:_____。 （签字,加盖公章）　　年　月　日		
监理单位复核意见	经抽查并查验相关检验报告和检验资料,安装质量检验主控项目_____项,全部符合相关质量要求;一般项目_____项,与相关质量要求有微小出入的_____项,所占比率为_____%。质量要求操作试验或试运行符合设计和规范要求,操作试验或试运行中_____出现故障。 　　单元工程安装质量等级评定为:_____。 （签字,加盖公章）　　年　月　日		

注:依据 GB 50339、GB/T 21671。

_____工程

表 10013.1　自动化设备(仪表)等外观质量检查表

编号：_____

分部工程名称				单位工程名称		
安装内容						
安装单位				开/完工日期		
序号	设备(仪表)名称	型号、规格	数量	工作状态	资料	检验结果	检验人 (签字)
1							
2							
3							
4							
5							
6							
7							
8							
9							
10							
11							
12							
13							
14							
15							
16							

检查意见：

　　设备(仪表)型号、规格、数量、工作状态等_____符合设计与相关技术标准要求和合同约定。

安装单位 评定人	(签字) 年　月　日	监理工程师	(签字) 年　月　日

表 10013.2 网络设备安装质量检查表

编号：_____

分部工程名称				单元工程名称	
安装内容					
安装单位				开/完工日期	

项次		检验项目	质量要求	检验结果	检验人（签字）
主控项目	1	不间断电源	维持系统正常工作时间≥30 min		
	2	路由	路由配置符合设计要求		
	3	系统性能 连通性	联网的终端按使用要求全部联通		
		传输速率	(1)10 M 以太网,单向最大传输速率达 10 Mbit/s； (2)100 M 以太网,单向最大传输速率达 100 Mbit/s； (3)1000 M 以太网,单向最大传输速率达 1000 Mbit/s		
		吞吐率	符合 GB/T 21671 要求		
		传输时延	≤1 ms		
		丢包率	在 70%网络负荷情况下≤0.1%		
	4	网络管理功能	(1)配置数据、告警数据、性能数据、流量流向数据、网络路由数据的采集、分析处理正常； (2)资源管理、配置管理、拓扑管理、故障管理、路由管理、服务质量管理、前端信息服务管理、报表统计等功能齐全； (3)系统采集轮询遍历时间符合设计要求,故障告警及时、准确		
主控项目	5	网络安全 防攻击	抵御来自防火墙以外的攻击		
		访问控制	根据设计要求,控制内部计算机与外网连接请求		
		防病毒	正确地检测到含病毒文件,并执行杀毒操作		
		安全隔离	安全隔离措施符合设计要求		
一般项目	1	外观	外观无损伤,紧固件无松动		
	2	安装	平整牢固,连线正确、可靠,标识清楚		

检查意见：
主控项目共_____项,其中符合相关质量要求_____项。
一般项目共_____项,其中符合相关质量要求_____项,与相关质量要求有微小出入_____项。

安装单位评定人	（签字） 年 月 日	监理工程师	（签字） 年 月 日

表 10013.3 自动化试运行检验评定表

编号：_____

分部工程名称				安装单位	
安装内容					
单元工程名称、部位				安装日期	年 月 日至 年 月 日

项次	检验项目		质量要求	检验结果	检验人（签字）
1	传感器		符合设计和规范要求，设备完好率100%，正常使用率≥95%		
2	现地控制单元		符合设计和规范要求，设备完好率100%，正常使用率≥98%		
3	站控单元硬件		符合设计和规范要求，设备完好率100%，正常使用率≥95%		
4	站控单元软件	数据采集与处理	开关量采集正确率100%，模拟量、电气量、温度量采集正确率≥98%，数据处理正确率≥98%		
		操作控制与自动调节	流程控制、单步控制正确率100%。可根据设定参数自动调节设备，调节精度符合产品或设计要求		
		故障反应	正确、及时反应故障信息，正确率≥98%		
		数据入库与统计	数据入库率≥98%，数据统计正确率≥98%		
		数据查询	查询功能完备，所有入库数据、统计数据均能查询		
		报表打印	根据要求自动、手动打印各种报表		
5	显示设备		符合设计和规范要求，显示正常、清晰		
6	视频前端设备和主机		符合设计和规范要求，设备完好率100%，正常使用率≥95%；摄像机图像质量符合要求，摄像机控制正常		
7	监测仪器		符合设计和规范要求，设备完好率符合要求，正常使用率≥95%		
8	测量控制单元		符合设计和规范要求，设备完好率100%，正常使用率≥95%		
9	中心站设备		符合设计和规范要求，设备完好率100%，正常使用率≥95%		
10	计算机网络		网络运行正常，数据传输与交互迅速		
11	信息管理		运行数据管理正常，发布工程信息正确		

检查意见：

　　自动化试运行正常，符合设计和相关技术标准要求，且_____。

安装单位评定人	（签字） 年 月 日	监理工程师	（签字） 年 月 日

＿＿＿＿＿＿＿＿＿＿＿＿工程

表 10014　信息管理系统硬件安装单元工程质量验收评定表

单位工程名称		单元工程量	
分部工程名称		安装单位	
单元工程名称、部位		评定日期	
项目		检验结果	
外观检查			
站控硬件安装	主控项目		
	一般项目		
各项试验和试运行效果			
安装单位自评意见	安装质量检验主控项目＿＿＿＿＿项,全部符合相关质量要求;一般项目＿＿＿＿＿项,与相关质量要求有微小出入的＿＿＿＿＿项,所占比率为＿＿＿＿＿%。质量要求操作试验或试运行符合设计和规范要求,操作试验或试运行中＿＿＿＿＿出现故障。 　　　单元工程安装质量等级评定为:＿＿＿＿＿＿＿。 　　　　　　　　　　　　　　　　　　　　(签字,加盖公章)　　　年　月　日		
监理单位复核意见	安装质量检验主控项目＿＿＿＿＿项,全部符合相关质量要求;一般项目＿＿＿＿＿项,与相关质量要求有微小出入的＿＿＿＿＿项,所占比率为＿＿＿＿＿%。质量要求操作试验或试运行符合设计和规范要求,操作试验或试运行中＿＿＿＿＿出现故障。 　　　单元工程安装质量等级评定为:＿＿＿＿＿＿＿。 　　　　　　　　　　　　　　　　　　　　(签字,加盖公章)　　　年　月　日		

注:依据 GB 50171。

_____工程

表 10014.1 自动化设备(仪表)等外观质量检查表

编号：_____

分部工程名称			单位工程名称			
安装内容						
安装单位			开/完工日期			

序号	设备(仪表)名称	型号、规格	数量	工作状态	资料	检验结果	检验人(签字)
1							
2							
3							
4							
5							
6							
7							
8							
9							
10							
11							
12							
13							
14							
15							
16							

检查意见：

　　设备(仪表)型号、规格、数量、工作状态等_____符合设计与相关技术标准要求和合同约定。

安装单位 评定人		监理工程师	
	(签字) 年　月　日		(签字) 年　月　日

_____工程

表 10014.2 信息管理系统硬件安装质量检查表

编号：_____

分部工程名称				安装单位		
安装内容						
单元工程名称、部位				安装日期	年 月 日至	年 月 日

项次		检验项目	质量要求	检验结果	检验人（签字）
主控项目	1	接地	牢固、可靠,接地电阻≤4 Ω		
	2	不间断电源	维持系统正常工作时间≥30 min		
	3	避雷	符合设计和规范要求		
	4	设备性能	符合设计和规范要求		
一般项目	1	控制台柜屏外观	(1)尺寸、样式、材质符合设计要求,表面清洁,涂层完好; (2)布局合理,标识正确、清晰		
	2	设备外观	外观无损伤,紧固件无松动		
	3	基础槽钢安装	(1)直线偏差<1 mm/m,且全长<5 mm; (2)水平偏差<1 mm/m,且全长<5 mm; (3)位置偏差及平行度偏差全长<5 mm; (4)基础槽钢平面宜高出地面10 mm; (5)防腐完好		
	4	柜体安装	(1)垂直偏差<1.5 mm/m; (2)柜顶高差:相邻柜<2mm;成列柜<5mm; (3)柜面偏差:相邻柜<1 mm;成列柜<5 mm; (4)柜间接缝偏差<2 mm; (5)柜体与建筑物的距离符合设计要求; (6)柜体固定牢固,柜间连接紧密; (7)柜内安全隔板完整牢固,门锁齐全、开关灵活; (8)辅助开关动作准确,接触可靠; (9)柜底孔洞封堵严密		
	5	控制台安装	稳固,布线整齐,接线、端子和接插件牢固,标识清楚		
	6	设备安装	连线正确、可靠,标识清楚		

检查意见:

主控项目共_____项,其中符合相关质量要求_____项。

一般项目共_____项,其中符合相关质量要求_____项,与相关质量要求有微小出入_____项。

安装单位评定人	（签字） 年 月 日	监理工程师	（签字） 年 月 日

表 10014.3 自动化试运行检验评定表

编号：_____

分部工程名称			安装单位		
安装内容					
单元工程名称、部位			安装日期	年 月 日至	年 月 日

项次	检验项目		质量要求	检验结果	检验人（签字）
1	传感器		符合设计和规范要求，设备完好率 100%，正常使用率≥95%		
2	现地控制单元		符合设计和规范要求，设备完好率 100%，正常使用率≥98%		
3	站控单元硬件		符合设计和规范要求，设备完好率 100%，正常使用率≥95%		
4	站控单元软件	数据采集与处理	开关量采集正确率 100%，模拟量、电气量、温度量采集正确率≥98%，数据处理正确率≥98%		
		操作控制与自动调节	流程控制、单步控制正确率 100%。可根据设定参数自动调节设备，调节精度符合产品或设计要求		
		故障反应	正确、及时反应故障信息，正确率≥98%		
		数据入库与统计	数据入库率≥98%，数据统计正确率≥98%		
		数据查询	查询功能完备，所有入库数据、统计数据均能查询		
		报表打印	根据要求自动、手动打印各种报表		
5	显示设备		符合设计和规范要求，显示正常、清晰		
6	视频前端设备和主机		符合设计和规范要求，设备完好率 100%，正常使用率≥95%；摄像机图像质量符合要求，摄像机控制正常		
7	监测仪器		符合设计和规范要求，设备完好率符合要求，正常使用率≥95%		
8	测量控制单元		符合设计和规范要求，设备完好率 100%，正常使用率≥95%		
9	中心站设备		符合设计和规范要求，设备完好率 100%，正常使用率≥95%		
10	计算机网络		网络运行正常，数据传输与交互迅速		
11	信息管理		运行数据管理正常，发布工程信息正确		

检查意见：

　　自动化试运行正常，符合设计和相关技术标准要求，且_____。

安装单位评定人	（签字）年 月 日	监理工程师	（签字）年 月 日

表 10015 信息管理系统软件单元工程质量验收评定表

单位工程名称		单元工程量	
分部工程名称		安装单位	
单元工程名称、部位		评定日期	

项目		检验结果
信息管理系统软件	主控项目	
	一般项目	
各项试验和试运行效果		

安装单位自评意见	安装质量检验主控项目_____项,全部符合相关质量要求;一般项目_____项,与相关质量要求有微小出入的_____项,所占比率为_____%。质量要求操作试验或试运行符合设计和规范要求,操作试验或试运行中_____出现故障。 单元工程安装质量等级评定为:_____。 (签字,加盖公章)　　　年　月　日
监理单位复核意见	安装质量检验主控项目_____项,全部符合相关质量要求;一般项目_____项,与相关质量要求有微小出入的_____项,所占比率为_____%。质量要求操作试验或试运行符合设计和规范要求,操作试验或试运行中_____出现故障。 单元工程安装质量等级评定为:_____。 (签字,加盖公章)　　　年　月　日

_____工程

表 10015.1 信息管理系统软件质量检查表

编号：_____

分部工程名称				单元工程名称	
安装内容					
安装单位				开/完工日期	

项次			检验项目	质量要求	检验结果	检验人（签字）
主控项目	1	数据库	数据接收、存储、交换	(1)数据接收、存储正常； (2)数据访问正常； (3)数据交换正常		
			安全性	实现数据存取、访问权限管理		
			数据备份与恢复	数据备份与恢复功能正常		
	2	工程信息管理		(1)工程基础信息、运行信息、维修养护信息等管理功能齐全； (2)工程监控、视频监视、安全监测、水文等信息查询功能正常； (3)数据分析、统计等功能正常		
	3	信息发布		功能正常,发布工程信息正确		
	4	办公自动化		公文、文档、会议等管理功能正常		
一般项目	1	界面		(1)画面标题正确、清晰； (2)菜单层次明晰,操作方便； (3)画面美观,布局合理； (4)人机接口友好		

检查意见：

主控项目共_____项,其中符合相关质量要求_____项。

一般项目共_____项,其中符合相关质量要求_____项,与相关质量要求有微小出入_____项。

安装单位评定人			监理工程师	
	（签字） 年 月 日			（签字） 年 月 日

第 11 部分
管道工程验收评定表

表 11001　管道沟槽开挖单元工程施工质量验收评定表

表 11002　管道沟槽撑板、钢板桩支撑施工质量验收评定表

表 11003　管道基础单元工程施工质量验收评定表

表 11004　DIP(钢)管管道沟槽回填单元工程施工质量验收评定表

表 11005　PCCP 管管道沟槽回填单元工程施工质量验收评定表

表 11006　DIP 管道安装单元工程施工质量验收评定表

表 11007　PCCP 管管道安装单元工程施工质量验收评定表

表 11008　钢管管道安装单元工程施工质量验收评定表

表 11009　钢管管道阴极保护单元工程施工质量验收评定表

表 11010　沉管基槽浚挖及管基处理单元工程施工质量验收评定表

表 11011　组对拼装管道(段)沉放单元工程施工质量验收评定表

表 11012　沉管稳管及回填单元工程施工质量验收评定表

表 11013　桥管管道单元工程施工质量验收评定表

_____工程

表 11001　管道沟槽开挖单元工程施工质量验收评定表

单位工程名称				单元工程量			
分部工程名称				施工单位			
单元工程名称、部位				施工日期	年　月　日至		年　月　日
检查项目			质量要求、允许偏差或允许值(mm)	检查结果/实测点偏差值或实测值		合格点数	合格率(%)
主控项目	1	原状地基土	不得扰动、受水浸泡或受冻				
	2	地基承载力(10 kPa)	应满足设计要求				
	3	压实度、厚度	应满足设计要求				
一般项目	1	槽底高程	土方　±20				
			石方　+20,-200				
	2	槽底中线每侧宽度	不小于规定				
	3	沟槽边坡	不陡于规定				
施工单位自评意见	主控项目检验点全部合格,一般项目逐项检验点合格率均不小于_____%,且不合格点不集中分布,各项报验资料_____GB 50268—2008 的要求。 单元工程质量等级评定为:_____。 (签字,加盖公章)　　　年　月　日						
监理单位复核意见	经复核,主控项目检验点全部合格,一般项目逐项检验点的合格率均不小于_____%,且且不合格点不集中分布,各项报验资料_____GB 50268—2008 的要求。 单元工程质量等级评定为:_____。 (签字,加盖公章)　　　年　月　日						

_____工程

表 11002　管道沟槽撑板、钢板桩支撑施工质量验收评定表

单位工程名称				单元工程量		
分部工程名称				施工单位		
单元工程名称、部位				施工日期		年　月　日至　　年　月　日

检查项目			质量要求或允许偏差(mm)	检查结果/实测点偏差值或实测值	合格点数	合格率(%)
主控项目	1	支撑方式、支撑材料	符合设计要求			
	2	支护结构的强度、刚度、稳定性	符合设计要求			
一般项目	1	横撑	不得妨碍下管和稳管			
	2	支撑构件安装	应牢固、安全可靠,位置正确			
	3	沟槽中心线每测的净宽	不应小于施工方案设计要求			
	4	钢板桩轴线　位移	≤50 mm			
		垂直度	≤1.5%			

施工单位自评意见	主控项目检验点全部合格,一般项目逐项检验点合格率均不小于_____%,且不合格点不集中分布,各项报验资料_____GB 50268—2008 的要求。 　　单元工程质量等级评定为:_____。 　　　　　　　　　　　　　　　　　　　(签字,加盖公章)　　　年　月　日
监理单位复核意见	经复核,主控项目检验点全部合格,一般项目逐项检验点的合格率均不小于_____%,且且不合格点不集中分布,各项报验资料_____GB 50268—2008 的要求。 　　单元工程质量等级评定为:_____。 　　　　　　　　　　　　　　　　　　　(签字,加盖公章)　　　年　月　日

_____工程

表 11003　管道基础单元工程施工质量验收评定表

单位工程名称					单元工程量				
分部工程名称					施工单位				
单元工程名称、部位					施工日期	年　月　日至　年　月　日			
检查项目				质量要求、允许偏差或允许值(mm)		检查结果/实测点偏差值或实测值	合格点数	合格率(%)	
主控项目	1	原状地基承载力			符合设计要求				
	2	混凝土基础强度			符合设计要求				
	3	砂石基础压实度			符合设计要求或本规范规定				
一般项目	1	原状地基、砂石基础与管道外壁			接触均匀,无空隙				
	2	混凝土基础外观			外光内实,无严重缺陷				
		钢筋			位置正确、数量符合设计				
	3	垫层	中线每侧宽度		≥设计要求				
			高程	压力管道	±30				
				无压管道	0,−15				
			厚度		≥设计要求				
	4	混凝土基础、管座	平基	中线每侧宽度	+10,0				
				高程	0,−15				
				厚度	≥设计要求				
			管座	肩宽	+10,−5				
				肩高	±20				
	5	土、砂及砂砾基础	高程	压力管道	±30				
				无压管道	0,−15				
			平基厚度		不小于设计要求				
			土弧基础腋角高度		不小于设计要求				

施工单位自评意见	主控项目检验点全部合格,一般项目逐项检验点合格率均不小于_____%,且不合格点不集中分布,各项报验资料_____GB50268—2008 的要求。 　　单元工程质量等级评定为:_____。 　　　　　　　　　　　　　　　　　　(签字,加盖公章)　　　年　月　日
监理单位复核意见	经复核,主控项目检验点全部合格,一般项目逐项检验点的合格率均不小于_____%,且且不合格点不集中分布,各项报验资料_____GB50268—2008 的要求。 　　单元工程质量等级评定为:_____。 　　　　　　　　　　　　　　　　　　(签字,加盖公章)　　　年　月　日

_____工程

表 11004 DIP(钢)管管道沟槽回填单元工程施工质量验收评定表

单位工程名称					单元工程量		
分部工程名称					施工单位		
单元工程名称、部位					施工日期	年 月 日至 年 月 日	

检查项目			质量要求		检查结果/实测点 偏差值或实测值	合格 点数	合格率 (%)
			压实度	回填材料			
主控项目	1	回填材料	符合设计要求				
	2	回填	不得带水回填、回填密实				
	3	管道变形	变形率不得超过设计要求或规范(GB 50268—2008)第4.5.12条的规定,管壁不得出现纵向隆起、环形扁平或其他变形情况				
	4	回填土压实度	管道基础 管底基础 ≥90%	中、粗砂			
			管道基础 管道有效支撑角范围 ≥95%	中、粗砂			
			管顶以上50 cm 管道两侧 ≥90%	中、粗砂、碎石屑,最大粒径小于40 mm的沙砾或符合要求的原土			
			管顶以上50 cm 管道两侧 ≥90%	中、粗砂、碎石屑,最大粒径小于40 mm的沙砾或符合要求的原土			
			管顶以上50 cm 管道上部 85±2%	中、粗砂、碎石屑,最大粒径小于40 mm的沙砾或符合要求的原土			
			管顶50 cm以上 道路部位 ≥92%	原土回填			
			管顶50 cm以上 其他区域 ≥90%	原土回填			
			农田或绿地表层50 cm范围 不宜压实,预留沉降量,表面平整	种植土			
一般项目	1	回填高程、外观	达到设计高程、表面应平整				
	2	管道及附属构筑物	无损伤、沉降、位移				

施工单位自评意见	主控项目检验点全部合格,一般项目逐项检验点合格率均不小于_____%,且不合格点不集中分布,各项报验资料_____GB 50268—2008 的要求。 单元工程质量等级评定为:_____。 (签字,加盖公章) 年 月 日
监理单位复核意见	经复核,主控项目检验点全部合格,一般项目逐项检验点的合格率均不小于_____%,且且不合格点不集中分布,各项报验资料_____GB 50268—2008 的要求。 单元工程质量等级评定为:_____。 (签字,加盖公章) 年 月 日

_____工程

表 11005　PCCP 管管道沟槽回填单元工程施工质量验收评定表

单位工程名称					单元工程量				
分部工程名称					施工单位				
单元工程名称、部位					施工日期	年　月　日至　年　月　日			

检查项目				质量要求		检查结果/实测点偏差值或实测值	合格点数	合格率（%）
				压实度	回填材料			
主控项目	1	回填材料		符合设计要求				
	2	回填		不得带水回填、回填密实				
	3	回填土压实度	管道基础	管底基础　≥90%	中、粗砂			
				管道有效支撑角范围　≥95%				
			管道两侧　≥90%		中、粗砂、碎石屑,最大粒径小于40 mm 的沙砾或符合要求的原土			
			管顶以上50 cm	管道两侧　≥90%				
				管道上部　85±2%				
			管顶50 cm以上	道路部位　≥92%	原土回填			
				其他区域　≥90%				
		农田或绿地表层 50 cm 范围		不宜压实,预留沉降量,表面平整	种植土			
一般项目	1	回填高程、外观		达到设计高程、表面应平整				
	2	管道及附属构筑物		无损伤、沉降、位移				

施工单位自评意见	主控项目检验点全部合格,一般项目逐项检验点合格率均不小于_____%,且不合格点不集中分布,各项报验资料_____GB 50268—2008 的要求。 单元工程质量等级评定为:_____。 （签字,加盖公章）　　　年　月　日
监理单位复核意见	经复核,主控项目检验点全部合格,一般项目逐项检验点的合格率均不小于_____%,且且不合格点不集中分布,各项报验资料_____GB 50268—2008 的要求。 单元工程质量等级评定为:_____。 （签字,加盖公章）　　　年　月　日

_____工程

表 11006　DIP 管管道安装单元工程施工质量验收评定表

单位工程名称		单元工程量	
分部工程名称		施工单位	
单元工程名称、部位		施工日期	年　月　日至　　年　月　日

项次	工程名称(或编号)	工序质量验收评定等级
1	△管道接口连接	
2	管道铺设	

施工单位自评意见	各工序施工质量全部合格,其中优良工序占_____%,且主要工序达到_____等级,各项报验资料_____相关规范的要求。 　　单元工程质量等级评定为:_____。 　　　　　　　　　　　　　　　　　　　(签字,加盖公章)　　　年　月　日
监理单位复核意见	经抽查并查验相关检验报告和检验资料,各工序施工质量全部合格,其中优良工序占_____%,且主要工序达到_____等级,各项报验资料_____相关规范的要求。 　　单元工程质量等级评定为:_____。 　　　　　　　　　　　　　　　　　　　(签字,加盖公章)　　　年　月　日

注:本表所填"单元工程量"不作为施工单位工程量结算计量的依据。

表 11006.1 DIP 管管道接口连接工序施工质量验收评定表

单位工程名称				工序编号				
分部工程名称				施工单位				
单元工程名称、部位				施工日期	年 月 日至		年 月 日	

检查项目		检验依据或 允许偏差(mm)	检查结果/实测点 偏差值或实测值	合格 点数	合格率 (%)
主控项目	1 管节及管件的产品质量	应符合 GB 50268—2008 第 5.5.1 条规定			
	2 承插接口连接中轴线	两管节应保持同心,承口、插口部位无破损、变形、开裂;插口推入深度应符合要求			
	3 法兰接口连接纵向轴线	插口与承口法兰压盖的纵向轴线一致,连接螺栓终拧扭矩符合设计或产品使用说明要求;连接部位及连接件无变形、破损			
	4 橡皮圈安装位置	应准确,不得扭曲、外露;沿圆周各点应与承口端面等距,允许偏差为±3 mm			
一般项目	1 管节	连接口应平顺,接口无突起、突弯、轴向位移现象			
	2 接口环向间隙	接口的环向间隙应均匀			
	3 承插口间纵向间隙	纵向间隙≥3 mm			
	4 接口连接件	法兰接口的压兰、螺栓和螺母等连接件规格型号一致,钢制螺栓螺母防腐处理符合设计要求			
	5 管道曲线接口转角	D_i=75～600 mm:3° □ D_i=700～800 mm:2° □ D_i≥900mm:1° □			

施工单位自评意见	主控项目检验点全部合格,一般项目逐项检验点合格率均不小于_____%,且不合格点不集中分布,各项报验资料_____GB 50268—2008 的要求。 单元工程质量等级评定为:_____。 <div align="right">(签字,加盖公章)　　年 月 日</div>
监理单位复核意见	经复核,主控项目检验点全部合格,一般项目逐项检验点的合格率均不小于_____%,且且不合格点不集中分布,各项报验资料_____GB 50268—2008 的要求。 单元工程质量等级评定为:_____。 <div align="right">(签字,加盖公章)　　年 月 日</div>

表 11006.2　DIP 管管道铺设工序施工质量验收评定表

单位工程名称			工序编号		
分部工程名称			施工单位		
单元工程名称、部位			施工日期	年 月 日至 年 月 日	

检查项目			质量要求、允许偏差或允许值(mm)		检查结果/实测点偏差值或实测值	合格点数	合格率(%)
主控项目	1	管道埋设深度、轴线位置	应符合设计要求,无压力管道严禁倒坡				
	2	柔性管道	管壁不得出现纵向隆起、环向扁平和其他变形情况				
	3	管道铺设安装	必须稳固,管道安装后应线形平直				
一般项目	1	管道外观	管道内光滑平整,无杂物、油污;管道无明显渗水和水珠现象				
	2	渗漏	管道与井室洞口之间无渗漏水				
	3	防腐层	管道内外防腐层完整,无破损				
	4	闸阀安装	应牢固、严密,启闭灵活,与管道轴线垂直				
	5	水平轴线	无压管道	15			
			压力管道	30			
	6	管底高程	$D_i \leq 1\,000$ mm	无压管道	±10		
				压力管道	±30		
			$D_i > 1\,000$ mm	无压管道	±15		
				压力管道	±30		

施工单位自评意见	主控项目检验点全部合格,一般项目逐项检验点合格率均不小于_____%,且不合格点不集中分布,各项报验资料_____GB 50268—2008 的要求。 　　单元工程质量等级评定为:_____。 　　　　　　　　　　　　　　　　　　　(签字,加盖公章)　　　年　月　日
监理单位复核意见	经复核,主控项目检验点全部合格,一般项目逐项检验点的合格率均不小于_____%,且且不合格点不集中分布,各项报验资料_____GB 50268—2008 的要求。 　　单元工程质量等级评定为:_____。 　　　　　　　　　　　　　　　　　　　(签字,加盖公章)　　　年　月　日

_____工程

表 11007 PCCP 管管道安装单元工程施工质量验收评定表

单位工程名称		单元工程量	
分部工程名称		施工单位	
单元工程名称、部位		施工日期	年 月 日至 年 月 日

项次	工程名称(或编号)	工序质量验收评定等级
1	△管道安装	
2	管道外接缝处理	
3	管道内接缝处理	
施工单位自评意见	各工序施工质量全部合格,其中优良工序占_____%,且主要工序达到_____等级,各项报验资料_____相关规范的要求。 单元工程质量等级评定为:_____。 (签字,加盖公章) 年 月 日	
监理单位复核意见	经抽查并查验相关检验报告和检验资料,各工序施工质量全部合格,其中优良工序占_____%,且主要工序达到_____等级,各项报验资料_____相关规范的要求。 单元工程质量等级评定为:_____。 (签字,加盖公章) 年 月 日	

注:本表所填"单元工程量"不作为施工单位工程量结算计量的依据。

表 11007.1 PCCP 管管道安装工序质量检查表

单位工程名称					工序编号			
分部工程名称					施工单位			
单元工程名称、部位					施工日期	年 月 日至	年 月 日	

项次		检验项目		质量要求	检查记录	合格数	合格率（%）
主控项目	1	安装前检查		出厂证明书及检验报告齐全,管道标记清晰,外观符合要求,检查记录完整			
	2	橡胶圈	橡胶密封圈质量	有合格证或检验证明,橡胶圈无老化,表面无气孔、裂缝,粗细均匀,无重皮、表面扭曲、损坏及肉眼可见的杂质			
			安装	用植物类润滑剂润滑胶圈,涂抹均匀,胶圈粗细已调匀,无麻花、闷鼻现象			
	3	吊装就位		采用非金属吊装,安装就位准确,管道完好			
	4	承、插口		钢环面光洁、无破损、无毛刺、无污染,工作面光滑无突起异物,植物类润滑剂涂抹均匀			
	5	接头打压	第1次	加压至设计试验压力,恒压 5 min,压力不下降			
			第2次				
			第3次				
一般项目	1	安装高程		允许偏差:±20 mm			
		轴线偏差		允许偏差:±20 mm			
	2	承、插口安装		允许偏差:-10~+5 mm			

施工单位自评意见	主控项目检验点全部合格,一般项目逐项检验点的合格率均不小于_____%,且不合格点不集中分布,各项报验资料_____相关规范的要求。 工序质量等级评定为:_____。 （签字,加盖公章）　　　　　年 月 日
监理单位复核意见	经复核,主控项目检验点全部合格,一般项目逐项检验点的合格率均不小于_____%,且不合格点不集中分布,各项报验资料_____相关规范的要求。 工序质量等级评定为:_____。 （签字,加盖公章）　　　　　年 月 日

_____工程

表 11007.2 PCCP 管管道外接缝处理工序质量检查表

单位工程名称				工序编号			
分部工程名称				施工单位			
单元工程名称、部位				施工日期		年 月 日至 年 月 日	

项次		检验项目	质量要求	检查记录	合格数	合格率（%）
主控项目	1	砂浆质量	砂浆的配合比符合设计标准,拌和符合标准规定			
	2	防腐	管道有防腐要求时,接头灌浆处理应按设计要求进行防腐处理			
一般项目	1	管道接头清理	清除表面的浮浆、脏物、油及其他异物、表面清洁。清除与灌浆材料接触的金属表面的锈斑和杂质			
	2	接缝处理	全周长灌浆饱满、均匀密实、无空隙			

施工单位自评意见	主控项目检验点全部合格,一般项目逐项检验点的合格率均不小于_____%,且不合格点不集中分布,各项报验资料_____相关规范的要求。 工序质量等级评定为:_____。 （签字,加盖公章） 年 月 日
监理单位复核意见	经复核,主控项目检验点全部合格,一般项目逐项检验点的合格率均不小于_____%,且不合格点不集中分布,各项报验资料_____相关规范的要求。 工序质量等级评定为:_____。 （签字,加盖公章） 年 月 日

_____工程

表 11007.3　PCCP 管管道内接缝处理工序质量检查表

单位工程名称				工序编号		
分部工程名称				施工单位		
单元工程名称、部位				施工日期	年　月　日至　　年　月　日	

项次		检验项目	质量要求	检查记录	合格数	合格率（%）
主控项目	1	砂浆质量	砂浆的配合比符合设计标准,拌和符合标准规定			
	2	内缝处理	沟槽回填变形基本稳定后进行内缝处理。砂浆勾缝采用直接勾嵌法,填压密实,表面平整光滑,聚硫密封胶材质填充、涂抹应符合设计要求			
一般项目	1	管道接头清理	清除表面的浮浆、脏物、油、及其他异物、表面清洁。清除与灌浆材料接触的金属表面的锈斑和杂质			
	2	养护	养护及时			
施工单位自评意见	主控项目检验点全部合格,一般项目逐项检验点的合格率均不小于_____%,且不合格点不集中分布,各项报验资料_____相关规范的要求。 工序质量等级评定为:_____。 （签字,加盖公章）　　　　年　月　日					
监理单位复核意见	经复核,主控项目检验点全部合格,一般项目逐项检验点的合格率均不小于_____%,且不合格点不集中分布,各项报验资料_____相关规范的要求。 工序质量等级评定为:_____。 （签字,加盖公章）　　　　年　月　日					

_____工程

表 11008　钢管管道安装单元工程施工质量验收评定表

单位工程名称		单元工程量	
分部工程名称		施工单位	
单元工程名称、部位		施工日期	年 月 日至　年 月 日

项次	工程名称(或编号)	工序质量验收评定等级
1	△管道接口连接	
2	管道铺设	
3	内防腐层	
4	外防腐层	
施工单位自评意见	各工序施工质量全部合格,其中优良工序占_____%,且主要工序达到_____等级,各项报验资料_____相关规范的要求。 　　单元工程质量等级评定为:_____。 　　　　　　　　　　　　　　　(签字,加盖公章)　　年 月 日	
监理单位复核意见	经抽查并查验相关检验报告和检验资料,各工序施工质量全部合格,其中优良工序占_____%,且主要工序达到_____等级,各项报验资料_____相关规范的要求。 　　单元工程质量等级评定为:_____。 　　　　　　　　　　　　　　　(签字,加盖公章)　　年 月 日	

注:本表所填"单元工程量"不作为施工单位工程量结算计量的依据。

表 11008.1　钢管管道接口连接工序施工质量验收评定表

单位工程名称				单元工程量			
分部工程名称				施工单位			
单元工程名称、部位				施工日期		年　月　日至　　年　月　日	
检查项目			质量要求或允许偏差(mm)	检查结果	合格数	合格率(%)	
主控项目	1	管片及管件、焊接材料等的质量	符合 GB 50268—2008 第 5.3.2 的规定				
	2	焊缝坡口	符合 GB 50268—2008 第 5.3.7 条规定				
	3	焊口错口	焊口错边符合 GB 50268—2008 第 5.3.8 条的规定,焊口无十字型焊缝				
	4	焊口焊接质量	符合 GB 50268—2008 第 5.3.17 条的规定和设计要求				
	5	法兰接口	法兰应与管道同心,螺栓终拧扭矩应符合设计要求和有关标准规定				
一般项目	1	纵、环缝	纵、环缝位置符合 GB 50268—2008 第 5.3.9 条规定				
	2	坡口及内外侧焊接外观	表面应无油、漆、垢、锈、毛刺等污物				
	3	管节对接	不同壁后管节对接符合 GB 50268—2008 第 5.3.9 条的规定				
	4	焊缝	焊接层数、厚度及层间温度应符合焊接作业指导书规定,层间焊接质量均应合格				
	5	法兰中轴线与管道中轴线	$D_i \leqslant 300$ mm 时,允许偏差 $\leqslant 1$ mm; $D_i > 300$ mm 时,允许偏差 $\leqslant 2$ mm				
	6	法兰连接 法兰之间	应保持平行,允许偏差 $\leqslant$ 法兰外径 1.5‰,且 $\leqslant 2$ mm				
		螺孔中心	允许偏差为孔径的 5%				
施工单位自评意见	主控项目检验点全部合格,一般项目逐项检验点合格率均不小于_____%,且不合格点不集中分布,各项报验资料_____GB50268-2008 的要求。 　工序质量等级评定为:_____。 　　　　　　　　　　　　　　　　　　　(签字,加盖公章)　　　　年　月　日						
监理单位复核意见	经复核,主控项目检验点全部合格,一般项目逐项检验点的合格率均不小于_____%,且不合格点不集中分布,各项报验资料_____GB 50268—2008 的要求。 　工序质量等级评定为:_____。 　　　　　　　　　　　　　　　　　　　(签字,加盖公章)　　　　年　月　日						

_____工程

表 11008.2　管道铺设工序施工质量验收评定表

单位工程名称				单元工程量			
分部工程名称				施工单位			
单元工程名称、部位				施工日期	年　月　日至　　年　月　日		
检查项目			质量要求、允许偏差或允许值(mm)	检查结果/实测点偏差值或实测值	合格点数	合格率(％)	
主控项目	1	管道埋设深度、轴线位置	应符合设计要求,无压力管道严禁倒坡				
	2	柔性管道	管壁不得出现纵向隆起、环向扁平和其他变形情况				
	3	管道铺设安装	必须稳固,管道安装后应线形平直				
一般项目	1	管道外观	管道内光滑平整,无杂物、油污;管道无明显渗水和水珠现象				
	2	渗漏	管道与井室洞口之间无渗漏水				
	3	防腐层	管道内外防腐层完整,无破损				
	4	钢管管道开孔	不得在干管纵、环向焊缝处开孔;管道任何位置不得开方孔;不得在短节或管件上开孔;开孔处加固补强应符合设计要求				
	5	闸阀安装	应牢固、严密,启闭灵活,与管道轴线垂直				
	6	水平轴线	无压管道	15			
			压力管道	30			
	7	管底高程 $D_i \leqslant 1\,000$ mm	无压管道	±10			
			压力管道	±30			
		管底高程 $D_i > 1\,000$ mm	无压管道	±15			
			压力管道	±30			
施工单位自评意见	主控项目检验点全部合格,一般项目逐项检验点合格率均不小于_____%,且不合格点不集中分布,各项报验资料_____ GB 50268—2008 的要求。 工序质量等级评定为:_____。 　　　　　　　　　　　　　　　　　　　　(签字,加盖公章)　　　年　月　日						
监理单位复核意见	经复核,主控项目检验点全部合格,一般项目逐项检验点的合格率均不小于_____%,且且不合格点不集中分布,各项报验资料_____ GB 50268—2008 的要求。 工序质量等级评定为:_____。 　　　　　　　　　　　　　　　　　　　　(签字,加盖公章)　　　年　月　日						

_____工程

表 11008.3　钢管管道内防腐层工序施工质量验收评定表

单位工程名称				单元工程量			
分部工程名称				施工单位			
单元工程名称、部位				施工日期	年　月　日至		年　月　日
检查项目			质量要求、允许偏差 或允许值(mm)		检查结果/实测点 偏差值或实测值	合格 点数	合格率 (%)
主控项目	1	防腐层材料	应符合国家标准规定和设计 要求				
	2	给水管道防腐 层材料卫生性能	应符合国家标准规定				
	3	水泥砂浆抗压 强度	符合设计要求,且不低于 30 MPa				
	4	液体环氧涂料 内防腐层外观	平整、光滑,无气泡、无划痕 等,湿膜应无流淌				
一般项目	水泥砂浆防腐层	1	裂缝宽度	≤0.8			
		2	裂缝沿管 道纵向长度	≤管道的周长,且≤2.0 m			
		3	平整度	<2			
		4	防腐层 厚度	$D_i ≤ 1\,000$	±2		
				$1\,000 < D_i ≤ 1\,800$	±3		
				$D_i > 1\,800$	+4,−3		
	水泥砂浆防腐层	5	麻点、空 窝等表面 缺陷的深度	$D_i ≤ 1\,000$	2		
				$1\,000 < D_i ≤ 1\,800$	3		
				$D_i > 1\,800$	4		
		6	缺陷面积	≤500 mm²			
		7	空鼓面积	不超过2处,每处≤10 000 mm²			
	液体环氧涂料防腐层	8	干膜厚 度(μm)	普通级	≥200		
				加强级	≥250		
				特加强级	≥300		
		9	电火花 试验漏点数	普通级	3		
				加强级	1		
				特加强级	0		

施工单位自评意见	主控项目检验点全部合格,一般项目逐项检验点合格率均不小于_____%,且不合格点不集中分布,各项报验资料_____GB 50268—2008 的要求。 　　工序质量等级评定为:_____。 　　　　　　　　　　　　　　　　　　　　　　(签字,加盖公章)　　　　年　月　日
监理单位复核意见	经复核,主控项目检验点全部合格,一般项目逐项检验点的合格率均不小于_____%,且且不合格点不集中分布,各项报验资料_____GB 50268—2008 的要求。 　　工序质量等级评定为:_____。 　　　　　　　　　　　　　　　　　　　　　　(签字,加盖公章)　　　　年　月　日

注:工厂涂覆管节,每批抽查 20%;施工现场涂覆管节,逐根检查;焊缝处的防腐层厚度不得低于管节防腐层规定厚度的 80%;凡漏点检测不合格的防腐层都应补涂,直至合格。

表 11008.4 钢管管道外防腐层工序施工质量验收评定表

单位工程名称						单元工程量			
分部工程名称						施工单位			
单元工程名称、部位						施工日期		年　月　日至　　年　月　日	

检查项目				质量要求、允许偏差或允许值(mm)	检查结果/实测点偏差值或实测值	合格点数	合格率(%)
主控项目	1	材料,结构			应符合国家标准的规定和设计要求			
	2	厚度	石油沥青涂料 □	成品管 □ 补　口 □ 补　伤 □	普通级 ≥ 4 □ 加强级 ≥ 5.5 □ 特加强级 ≥ 7.0 □			
			环氧煤沥青涂料 □	成品管 □ 补　口 □ 补　伤 □	普通级 ≥ 0.3 □ 加强级 ≥ 0.4 □ 特加强级 ≥ 0.6 □			
			环氧树脂玻璃钢 □	成品管 □ 补　口 □ 补　伤 □	加强级 ≥ 3			
	3	电火花检漏	石油沥青涂料 □	成品管 □ 补　口 □ 补　伤 □	普通级 16 kV □ 加强级 18 kV □ 特加强级 20 kV □			
			环氧煤沥青涂料 □	成品管 □ 补　口 □ 补　伤 □	普通级 2 kV □ 加强级 2.5 kV □ 特加强级 3 kV □			
			环氧树脂玻璃钢 □	成品管 □ 补　口 □ 补　伤 □	加强级 3~3.5 kV			

续表 11008.4

检查项目				质量要求、允许偏差或允许值(mm)	检查结果/实测点偏差值或实测值	合格点数	合格率(%)
一般项目	4 粘结力	石油沥青涂料 □	成品管 □ 补 口 □ 补 伤 □	见本表注2			
		环氧煤沥青涂料 □	成品管 □ 补 口 □ 补 伤 □				
		环氧树脂玻璃钢 □	成品管 □ 补 口 □ 补 伤 □				
	5	钢管表面除锈质量等级		应符合设计要求			
	6 外观质量	石油沥青涂料		外观均匀无褶皱、空泡、凝块			
		环氧煤沥青涂料					
		环氧煤沥青涂料		外观平整光滑、色泽均匀、无脱层、起壳和固化不完全缺陷			
	7	管体外防腐材料搭接、补口搭接、补伤搭接		应符合标准要求			

施工单位自评意见	主控项目检验点全部合格,一般项目逐项检验点合格率均不小于_____%,且不合格点不集中分布,各项报验资料_____GB 50268—2008 的要求。 工序质量等级评定为:_____。 (签字,加盖公章)　　　年　月　日
监理单位复核意见	经复核,主控项目检验点全部合格,一般项目逐项检验点的合格率均不小于_____%,且且不合格点不集中分布,各项报验资料_____GB 50268—2008 的要求。 工序质量等级评定为:_____。 (签字,加盖公章)　　　年　月　日

注:1.按组抽检时,若被检测点不合格,则该组应加倍抽检;若加倍抽检仍不合格,则该组为不合格。

2.石油沥青涂料:以夹角为45°~60°边长 40~50 mm 的切口,从角尖端撕开防腐层;首层沥青层应100%地粘附在管道的外表面;环氧煤沥青涂料、环氧树脂玻璃钢:以小刀割开一舌形切口,用力撕开切口处的防腐层,管道表面仍为漆皮所覆盖,不得露出金属表面。

_____工程

表 11009 钢管管道阴极保护单元工程施工质量验收评定表

单位工程名称				单元工程量			
分部工程名称				施工单位			
单元工程名称、部位				施工日期	年 月 日至 年 月 日		

检查项目			质量要求、允许偏差或允许值(mm)	检查结果	合格数	合格率(%)
主控项目	1	阴极保护的材料和设备	符合国家有关标准的规定和设计要求			
	2	管道系统的电绝缘性、电连续性	经检测满足阴极保护的要求			
	3	阴极保护的系统参数	符合 GB 50268—2008 第 5.10.5 条第一款的规定	(1)设计无要求,在施加阴极电流的情况下,测得管/地电位≤-850 mV(相对铜一饱和硫酸铜参比电极) □ (2)设计有要求,在施加阴极电流的情况下,测得管/地电位值为 mV(相对铜一饱和硫酸铜参比电极) □		
			符合 GB 50268—2008 第 5.10.5 条第二款的规定	管道表面与同土壤接触的稳定的参比电极之间阴极化电位值≥100 mV □		
			符合 GB 50268—2008 第 5.10.5 条第三款的规定	土壤或水中含硫酸盐还原菌,且硫酸根含量 > 0.5% 时,通电保护电位应≤-950 mV(相对铜一饱和硫酸铜参比电极) □		
			符合 GB 50268—2008 第 5.10.5 条第四款的规定	被保护体埋置于干燥的或充气的高电阻率土壤时,测得的极化电位≤-750 mV □		

_____工程

续表 11009

	检查项目	质量要求、允许偏差或允许值(mm)	检查结果	合格数	合格率(%)
一般项目	1 管道系统中阳极、辅助阳极的安装	符合 GB 50268—2008 第 5.4.13、5.4.14 条的规定			
	2 连接点	应按规定做好防腐处理,与管道连接处的防腐材料应与管道相同			
	3 阴极保护的测试装置及附属设施的安装	测试桩埋设位置应符合设计要求,顶面高出地面 400 mm 以上			
		电缆、引线铺设应符合设计要求,所有引线应保持一定松弛度,并连接可靠牢固			
		接线盒内各类电缆应接线正确,测试桩的舱门应启闭灵活、密封良好			
		检查片的材质应与被保护管道的材质相同,其制作尺寸、设置数量、埋设位置应符合设计要求,且埋深与管道底部相同,距管道外壁 ≥300 mm			
		参比电极的选用、埋设深度应符合设计要求			
施工单位自评意见	主控项目检验点全部合格,一般项目逐项检验点合格率均不小于_____%,且不合格点不集中分布,各项报验资料_____GB 50268—2008 的要求。 单元工程质量等级评定为:_____。 (签字,加盖公章)　　　　年　月　日				
监理单位复核意见	经复核,主控项目检验点全部合格,一般项目逐项检验点的合格率均不小于_____%,且且不合格点不集中分布,各项报验资料_____GB 50268—2008 的要求。 单元工程质量等级评定为:_____。 (签字,加盖公章)　　　　年　月　日				

表 11010　沉管基槽浚挖及管基处理单元工程施工质量验收评定表

单位工程名称				单元工程量			
分部工程名称				施工单位			
单元工程名称、部位				施工日期	年　月　日至　　年　月　日		

检查项目			质量要求、允许偏差或允许值(mm)	检查结果/实测点偏差值或实测值	合格点数	合格率（%）
主控项目	1	沉管中心位置和浚挖深度	应符合设计要求	材料的种类、规格、数量、质量填写在本栏		
	2	基槽处理和管基结构形式	应符合设计要求			
一般项目	1	浚挖成槽后的基槽	应稳定,沉管前基底回淤量不大于设计和施工方案要求,边坡不陡于 GB 50268 的有关规定			
	2	管基处理材料的规格、数量	符合设计要求	材料的种类、规格、数量、质量填写在本栏		
	3	基槽底部高程	土　　0,−300			
			石　　0,−500			
	4	整平后基础顶面高程	压力管道　0,−200			
			无压管道　0,−100			
	5	基槽底部宽度	不小于规定			
	6	基槽水平轴线	100			
	7	基础宽度	不小于设计要求			
	8	整平后基础平整度	砂基础　50			
			砾石基础　150			

施工单位自评意见	主控项目检验点全部合格,一般项目逐项检验点合格率均不小于_____%,且不合格点不集中分布,各项报验资料_____GB 50268—2008 的要求。 单元工程质量等级评定为:_____。 　　　　　　　　　　　　　　　　　　　(签字,加盖公章)　　　年　月　日
监理单位复核意见	经复核,主控项目检验点全部合格,一般项目逐项检验点的合格率均不小于_____%,且且不合格点不集中分布,各项报验资料_____GB 50268—2008 的要求。 单元工程质量等级评定为:_____。 　　　　　　　　　　　　　　　　　　　(签字,加盖公章)　　　年　月　日

_____工程

表 11011 组对拼装管道(段)沉放单元工程施工质量验收评定表

单位工程名称				单元工程量		
分部工程名称				施工单位		
单元工程名称、部位				施工日期	年 月 日至 年 月 日	

检查项目			质量要求、允许偏差或允许值(mm)		检查结果/实测点偏差值或实测值	合格点数	合格率(%)
主控项目	1	工程材料	管节	产品质量保证资料齐全,各项性能符合国家标准规定和设计要求			
			防腐层				
	2	陆上组对拼装管道(段)	接口连接和防腐层	质量经验收合格			
			钢管接口焊接/聚乙烯管熔焊检验	符合设计要求(按 GB 5028—2008 d 第五章的相关规定进行检查)			
			管道检验	预水压试验合格			
	3	管道(段)下沉	外观	下沉均匀平稳,无轴向扭曲、环向变形和明显轴向突弯			
			接口连接	水上水下的接口连接质量经检验符合设计要求			
一般项目	1	沉放前管道(段)及防腐层		无损伤,无变形			
	2	分段沉放管道水上水下的接口防腐		质量检验合格			
	3	管道沉放后		管底与沟底接触均匀、紧密			
	4	管道铺设	高程	压力管道	0,−200			
				无压管道	0,−100			
	5		水平轴线位置	50			

施工单位自评意见	主控项目检验点全部合格,一般项目逐项检验点合格率均不小于_____%,且不合格点不集中分布,各项报验资料_____GB 50268—2008 的要求。 单元工程质量等级评定为:_____。 (签字,加盖公章) 年 月 日

监理单位复核意见	经复核,主控项目检验点全部合格,一般项目逐项检验点的合格率均不小于_____%,且且不合格点不集中分布,各项报验资料_____GB 50268—2008 的要求。 单元工程质量等级评定为:_____。 (签字,加盖公章) 年 月 日

表 11012　沉管稳管及回填单元工程施工质量验收评定表

单位工程名称			单元工程量	
分部工程名称			施工单位	
单元工程名称、部位			施工日期	年　月　日至　　年　月　日

检查项目		质量要求、允许 偏差或允许值(mm)	检查结果	合格数	合格率 （%）
主控项目	1	稳管、管基二次处 理及回填时所用材料	符合设计要求		
	2	稳管、管基二次处 理、回填	应符合设计要求,管道 未发生漂浮和位移现象		
一般项目	1	管道外观	未受外力影响而发生 变形、破坏		
	2	管基承载力	二次处理后应符合设 计要求		
	3	回填	基槽回填应两侧均匀, 管顶回填高度符合设计 要求		

施工单位自评意见	主控项目检验点全部合格,一般项目逐项检验点合格率均不小于_____%,且不合格点不集中分布,各项报验资料_____GB 50268—2008 的要求。 单元工程质量等级评定为:_____。 　　　　　　　　　　　　　　　　　　　　　(签字,加盖公章)　　　年　月　日
监理单位复核意见	经复核,主控项目检验点全部合格,一般项目逐项检验点的合格率均不小于_____%,且且不合格点不集中分布,各项报验资料 _____ GB 50268—2008 的要求。 单元工程质量等级评定为:_____。 　　　　　　　　　　　　　　　　　　　　　(签字,加盖公章)　　　年　月　日

表 11013　桥管管道单元工程施工质量验收评定表

单位工程名称				单元工程量		
分部工程名称				施工单位		
单元工程名称、部位				施工日期	年　月　日至　年　月　日	

检查项目			质量要求、允许偏差或允许值(mm)	检查结果/实测点偏差值或实测值	合格点数	合格率(%)
主控项目	1	工程材料 管材	质保资料齐全,各项性能符合标准规定和设计要求			
		工程材料 防腐层				
	2	钢管组对拼装和防腐层(含焊口补口)	质量经验收合格(按 GB 50268—2008 第五章的相关规定进行检查)			
	3	钢管接口焊接检验	符合设计要求			
	4	钢管预拼装尺寸 长度	± 3			
		钢管预拼装尺寸 管口端面圆度	$D_0/500$,且$\leqslant 5$			
		钢管预拼装尺寸 管端面与轴线垂直度	$D_0/500$,且$\leqslant 3$			
		钢管预拼装尺寸 侧弯曲矢高	$L/1\,500$,且$\leqslant 5$			
		钢管预拼装尺寸 跨中起拱度	$\pm L/5\,000$			
		钢管预拼装尺寸 对口错边	$t/10$,且$\leqslant 2$			
	5	桥管管道	位置应符合设计,安装方式正确、安装牢固、结构可靠、管道无变形和裂缝			
一般项目	1	桥管基础	施工质量经验收合格			
		桥管下部结构				
	2	管道安装条件	经检查验收,满足安装要求			
	3	拼装焊接 钢管接口的坡口加工	符合焊接工艺和设计要求			
		拼装焊接 钢管接口的焊缝质量等级				
	4	管道支架 规格、尺寸	符合设计要求			
		管道支架 支架安装	应安装牢固、位置正确,工况及性能符合设计和安装要求			

续表 11013

检查项目			质量要求、允许偏差或允许值(mm)		检查结果/实测点偏差值或实测值	合格点数	合格率(%)
一般项目	5 桥管管道安装	支架	顶面高程	±5			
			中心位置 轴向	10			
			横向				
			水平度	$L/1\,500$			
		管道水平轴线位置		10			
		管道中部垂直上拱矢高		10			
		支架地脚螺栓中心位移		5			
		支架的偏移量		符合设计要求			
		弹簧支架	工作圈数	≤半圈			
			自由状态下弹簧各圈节距	≤平均节距10%			
			两端支承面与簧轴线垂直度	≤自由高度10%			
		支架处的管道顶部高程		±10			
	6 钢管涂装	材料、层厚、附着力		符合设计要求			
		涂层外观		均匀,无褶皱、空泡、凝块、透底等,与钢管表面附着紧密,色标符合规定			

施工单位自评意见	主控项目检验点全部合格,一般项目逐项检验点合格率均不小于_____%,且不合格点不集中分布,各项报验资料_____GB 50268—2008的要求。 单元工程质量等级评定为:_____。 　　　　　　　　　　　　　　　　　　　　　　　　　(签字,加盖公章)　　年　月　日
监理单位复核意见	经复核,主控项目检验点全部合格,一般项目逐项检验点的合格率均不小于_____%,且且不合格点不集中分布,各项报验资料_____GB 50268—2008的要求。 单元工程质量等级评定为:_____。 　　　　　　　　　　　　　　　　　　　　　　　　　(签字,加盖公章)　　年　月　日

注:1.本表主控项目第4项中的L为管道长度(mm),t为管道壁厚(mm);本表一般项目第5项中L为支架底座的边长(mm);
　　2.桥管管道的基础和下部结构施工质量验收时,根据实际需要使用桥梁工程施工质量验收的相关表格。

第 12 部分
公路工程验收评定表

表 12001　土方路基单元工程施工质量验收评定表

表 12002　石方路基单元工程施工质量验收评定表

表 12003　浆砌石水沟单元工程施工质量验收评定表

表 12004　混凝土路面面层单元工程施工质量验收评定表

表 12005　水泥稳定基层单元工程施工质量验收评定表

表 12006　水泥稳定碎石基层单元工程施工质量验收评定表

表 12007　路缘石铺设单元工程施工质量验收评定表

表 12008　交通标志单元工程施工质量验收评定表

表 12009　交通标线单元工程施工质量验收评定表

表 12010　泥结碎石路面单元工程施工质量验收评定表

表 12011　灯柱安装单元工程施工质量验收评定表

表 12012　铺砌式面砖单元工程施工质量验收评定表

表 12001　土方路基单元工程施工质量验收评定表

单位工程名称				单元工程量			
分部工程名称				施工单位			
单元工程名称				施工日期		年 月 日至	年 月 日

项次		检验项目	质量标准		检查(测)记录或备查资料名称	合格数	合格率(％)
			设计值	允许偏差			
主控项目	1	压实度%		不小于设计值			
	2	弯沉(0.01 mm)		不大于设计值			
	3	基本要求	符合评定标准要求				
一般项目	1	外观鉴定	边线、坡面无明显缺陷,取土坑、弃土堆整齐、美观				
	2	施工记录资料	齐全、真实、清晰				
	3	纵断高程(mm)	+10,20				
	4	中线偏位(mm)	100				
	5	宽度(mm)	不小于设计值				
	6	平整度(mm/3 m)	20				
	7	横坡(％)	±0.5				
	8	边坡	不陡于设计值				

施工单位自评意见	主控项目检验结果全部符合验收评定标准,一般项目逐项检验点的合格率_____%。 单元工程质量等级评定为:_____。 　　　　　　　　　　　　　　　　　(签字,加盖公章)　　年　月　日
监理机构复核评定意见	经抽检并查验相关检验报告和检验资料,主控项目检验结果全部符合验收评定标准,一般项目逐项检验点的合格率_____%。 单元工程质量等级评定为:_____。 　　　　　　　　　　　　　　　　　(签字,加盖公章)　　年　月　日

_____工程

表 12002　石方路基单元工程施工质量验收评定表

单位工程名称				单元工程量		
分部工程名称				施工单位		
单元工程名称				施工日期	年　月　日至　年　月　日	

项次		检验项目		质量标准		检查(测)记录或备查资料名称	合格数	合格率(%)
				设计值	允许偏差			
主控项目	1	基本要求		符合规范要求				
	2	压实		层厚和碾压遍数符合要求				
一般项目	1	外观鉴定		上边坡平顺、不得有松石,路基边线直顺,曲线圆滑、无明显缺陷				
	2	施工记录资料		齐全、真实、清晰				
	3	纵断高程(mm)			+10,-30			
	4	中线偏位(mm)			100			
	5	宽度(mm)			不小于设计值			
	6	平整度(mm)/3 m			30			
	7	横坡(%)			±0.5			
	8	边坡	石质边坡坡度	不限于设计值				
			土质边坡坡度					

施工单位自评意见	主控项目检验结果全部符合验收评定标准,一般项目逐项检验点的合格率_____%。 单元工程质量等级评定为:_____。 (签字,加盖公章)　　　年　月　日
监理机构复核评定意见	经抽检并查验相关检验报告和检验资料,主控项目检验结果全部符合验收评定标准,一般项目逐项检验点的合格率_____%。 单元工程质量等级评定为:_____。 (签字,加盖公章)　　　年　月　日

表 12003 浆砌石水沟单元工程施工质量验收评定表

单位工程名称			单元工程量				
分部工程名称			施工单位				
单元工程名称			施工日期	年 月 日至		年 月 日	

项次		检验项目	质量标准	检查(测)记录或备查资料名称	合格数	合格率(%)
主控项目	1	砂浆强度(MPa)	在合格标准内			
	2	断面尺寸(mm)	±30			
	3	沟底高程(mm)	±15			
	4	外观鉴定	砌体内侧及沟底应平顺,沟底不得有杂物			
一般项目	1	基本要求	符合规范要求			
	2	轴线偏位(mm)	50			
	3	墙面直顺度或坡度(mm)	30 或不陡于设计			
	4	铺砌厚度(mm)	不小于设计值			
	5	基础垫层宽、厚(mm)	不小于设计值			

施工单位自评意见	主控项目检验结果全部符合验收评定标准,一般项目逐项检验点的合格率_____%。 单元工程质量等级评定为:_____。 (签字,加盖公章) 年 月 日
监理机构复核评定意见	经抽检并查验相关检验报告和检验资料,主控项目检验结果全部符合验收评定标准,一般项目逐项检验点的合格率_____%。 单元工程质量等级评定为:_____。 (签字,加盖公章) 年 月 日

_____工程

表 12004　混凝土路面面层单元工程施工质量验收评定表

单位工程名称					单元工程量		
分部工程名称					施工单位		
单元工程名称					施工日期	年　月　日至　年　月　日	

项次		检验项目		质量标准	检查(测)记录或备查资料名称	合格数	合格率(%)
主控项目	1	弯拉强度		在合格标准内			
	2	厚度	合格值(mm)	-5			
			代表值(mm)	-10			
一般项目	1	平整度	σ(mm)	2.5			
			IRI(m/km)	4.2			
	2	抗滑构造深度(mm)		0.6			
	3	相邻板高差(mm)		3			
	4	纵、横缝顺直度(mm)		10			
	5	中线平面偏差(mm)		20			
	6	路面宽度(mm)		±20			
	7	纵继高程(mm)		±15			
	8	横坡(%)		±0.25			

施工单位自评意见	主控项目检验结果全部符合验收评定标准,一般项目逐项检验点的合格率_____%。 单元工程质量等级评定为:_____。 <div align="right">(签字,加盖公章)　　　年　月　日</div>
监理机构复核评定意见	经抽检并查验相关检验报告和检验资料,主控项目检验结果全部符合验收评定标准,一般项目逐项检验点的合格率_____%。 单元工程质量等级评定为:_____。 <div align="right">(签字,加盖公章)　　　年　月　日</div>

_____工程

表 12005 水泥稳定基层单元工程施工质量验收评定表

单位工程名称				单元工程量			
分部工程名称				施工单位			
单元工程名称				施工日期	年 月 日至 年 月 日		

项次		检验项目	质量标准		检验记录	合格数	合格率（%）
			设计值	允许偏差(mm)			
主控项目	1	基本要求	强度、配合比必须符合设计和规范要求				
	2	压实度		(%),不小于设计值			
	3	宽度		不小于设计值			
	4	厚度		厚度代表值≥(设计厚度-10),单点检测值≥(设计厚度-20)			
一般项目	1	平整度		12			
	2	纵断高程		+5,-15			
	3	横坡		设计值±0.5%			
	4	外观鉴定	表面平整密实、无坑洼、无明显离析;施工接茬平整、稳定				

施工单位自评意见	主控项目检验结果全部符合验收评定标准,一般项目逐项检验点的合格率_____%。 单元工程质量等级评定为:_____。 （签字,加盖公章）　　　年 月 日
监理机构复核评定意见	经抽检并查验相关检验报告和检验资料,主控项目检验结果全部符合验收评定标准,一般项目逐项检验点的合格率_____%。 单元工程质量等级评定为:_____。 （签字,加盖公章）　　　年 月 日

_____工程

表 12006　水泥稳定碎石基层单元工程施工质量验收评定表

单位工程名称			单元工程量	
分部工程名称			施工单位	
单元工程名称			施工日期	年　月　日至　年　月　日

项次		工序名称、编号	工序质量验收评定等级
主要工序	1	水泥稳定碎石基层碾压	
一般工序	1	水泥稳定碎石基层摊铺	

施工单位自评意见	各工序施工质量全部合格,其中优良工序占 _____%,主要工序达到 _____ 等级。 单元工程质量等级评定为:_____。 （签字,加盖公章）　　年　月　日
监理机构复核评定意见	经抽检并查验相关检验报告和检验资料,各工序施工质量全部合格,其中优良工序占 _____%,主要工序达到 _____ 等级。 单元工程质量等级评定为:_____。 （签字,加盖公章）　　年　月　日

_____工程

表 12006.1 水泥稳定碎石基层摊铺工序施工质量验收评定表

单位工程名称		工序编号			
分部工程名称		施工单位			
单元工程名称		施工日期	年 月 日至 年 月 日		

项次		检验项目	质量标准	检查(测)记录或备查资料名称	合格数	合格率(%)
主控项目	1	水泥、碎石原材料	符合设计要求			
	2	厚度(mm)	厚度代表值≥(设计厚度-10) 单点检测值≥(设计厚度-20)			
一般项目	1	宽度(mm)	不小于设计值			
	2	平整度(mm)	12			
	3	纵断高程(mm)	+5,-15			

施工单位自评意见	主控项目检验点100%合格,一般项目逐项检验点的合格率_____%,且不合格点不集中分布。 工序质量等级评定为:_____。 （签字,加盖公章）　　　　年　月　日
监理机构复核评定意见	经复核,主控项目检验点100%合格,一般项目逐项检验点的合格率_____%,且不合格点不集中分布。 工序质量等级评定为:_____。 （签字,加盖公章）　　　　年　月　日

_____工程

表 12006.2　水泥稳定碎石基层碾压工序施工质量验收评定表

单位工程名称				工序编号		
分部工程名称				施工单位		
单元工程名称				施工日期		年　月　日至　年　月　日

项次		检验项目	质量标准	检查(测)记录或备查资料名称	合格数	合格率(%)
主控项目	1	压实度(%)	不小于设计值			
一般项目	1	横坡(%)	±0.5			
	2	外观鉴定	表面平整密实、无坑洼、无明显离析;施工接茬平整、稳定			

施工单位自评意见	主控项目检验点100%合格,一般项目逐项检验点的合格率_____%,且不合格点不集中分布。 工序质量等级评定为:_____。 　　　　　　　　　　　　　　　　　　　(签字,加盖公章)　　　　年　月　日
监理机构复核评定意见	经复核,主控项目检验点100%合格,一般项目逐项检验点的合格率_____%,且不合格点不集中分布。 工序质量等级评定为:_____。 　　　　　　　　　　　　　　　　　　　(签字,加盖公章)　　　　年　月　日

_____工程

表 12007 路缘石铺设单元工程施工质量验收评定表

单位工程名称				单元工程量		
分部工程名称				施工单位		
单元工程名称				施工日期	年 月 日至 年 月 日	

项次		检验项目		质量标准	检查(测)记录或备查资料名称	合格数	合格率(%)
主控项目	1	基本要求		预制缘石的质量应符合设计要求,安砌稳固,顶面平整,缝宽均匀,勾缝密实,线条直顺,曲线圆滑美观。槽底基础和后背填料必须夯打密实。现浇路缘石材料应符合设计要求。			
	2	外观鉴定		勾缝密实均匀,无杂物污染;缘石与路面齐平,排水口整齐、通畅无阻水			
一般项目	1	直顺度（mm)/20 m		15			
	2	预制铺设	相邻两块高差(mm)	3			
	3		相邻两块缝宽(mm)	3			
	4	现浇	宽度(mm)	±5			
	5	顶面高程(mm)		±10			

施工单位自评意见	主控项目检验结果全部符合验收评定标准,一般项目逐项检验点的合格率_____%。 单元工程质量等级评定为:_____。 <div align=right>(签字,加盖公章)　　年　月　日</div>
监理机构复核评定意见	经抽检并查验相关检验报告和检验资料,主控项目检验结果全部符合验收评定标准,一般项目逐项检验点的合格率_____%。 单元工程质量等级评定为:_____。 <div align=right>(签字,加盖公章)　　年　月　日</div>

_____工程

表 12008　交通标志单元工程施工质量验收评定表

单位工程名称		单元工程量	
分部工程名称		施工单位	
单元工程名称		施工日期	年　月　日至　　年　月　日

项次		检验项目	质量标准	检查(测)记录或备查资料名称	合格数	合格率(%)
主控项目	1	基本要求	交通标志的制作符合 GB5768《道路交通标志和标线》的规定;标志的位置、数量及安装角度应符合设计要求;标志在运输、安装过程中不应损伤标志面及金属构件的镀层;标志面应平整完好、无起皱、开裂、缺损或凹凸变形。			
	2	外观鉴定	标志板安装后平整,夜间在车灯照射下,标志板底色和字符应清晰明亮,颜色均匀,不出现明暗不均的现象,标志板在粘贴底膜时,横向不宜有拼接;标志金属构件镀层应均匀、颜色一致			
	3	标志面反光膜等级及逆反射系数(cd · $1x^{-1} · m^{-2}$)	反光膜等级符合设计			
	4	标志金属构件镀层厚度(mm)	±20			
一般项目	1	标志板外形尺寸(mm)	±5			
	2	标志底板厚度(mm)	不小于设计			
	3	标志汉字、数字拉丁字的字体及尺寸(mm)	应符合规定字体,基本字高不小于设计			
	4	标志板下缘至路面净空高度及标志板内缘距路边缘距离	+100,0			
	5	立柱竖直度(mm/m)	±3			
	6	标志基础尺寸(mm)	−50,+100			
	7	基础混凝土强度	在合格标准内			

施工单位自评意见	主控项目检验结果全部符合验收评定标准,一般项目逐项检验点的合格率_____%。 单元工程质量等级评定为:_____。 <div align="right">(签字,加盖公章)　　　年　月　日</div>
监理机构复核评定意见	经抽检并查验相关检验报告和检验资料,主控项目检验结果全部符合验收评定标准,一般项目逐项检验点的合格率_____%。 单元工程质量等级评定为:_____。 <div align="right">(签字,加盖公章)　　　年　月　日</div>

_____工程

表 12009　交通标线单元工程施工质量验收评定表

单位工程名称				单元工程量			
分部工程名称				施工单位			
单元工程名称、编号				施工日期	年　月　日至　年　月　日		

项次		检验项目	质量标准	检查(测)记录或备查资料名称	合格数	合格率(%)
主控项目	1	基本要求	路面标线涂料应符合 JT/T 280《路面标线涂料》的规定;路面标线喷涂前应仔细清洁路面,表面干燥,无起灰现象;路面标线的颜色、形状和位置应符合 GB 5768《道路交通标志和标线》的规定和设计要求。			
	2	外观鉴定	标线施工污染路面应及时清理。标线线形应流畅,与道路线形相协调,不允许出现折线,曲线圆滑。标线表面不应出现网状裂缝、断裂裂缝、起泡现象。			
	3	标线厚度(mm)	−0.03,+0.10			
			−0.05,+0.15			
			−0.10,+0.50			
一般项目	1	标线长度(mm)	±50			
			±40			
			±30			
			±20			
	2	标线宽度(mm)	+15,0			
			+8,0			
			+5,0			
	3	标线横向偏位(mm)	±30			
	4	标线纵向间距(mm)	±45			
			±30			
			±20			
			±15			
	5	标线剥落面积	检查总面积 0~3%			
	6	反光标线逆反射系数				

施工单位自评意见	主控项目检验结果全部符合验收评定标准,一般项目逐项检验点的合格率_____%。 单元工程质量等级评定为:_____。 　　　　　　　　　　　　　　　　　　　　(签字,加盖公章)　　　年　月　日
监理机构复核评定意见	经抽检并查验相关检验报告和检验资料,主控项目检验结果全部符合验收评定标准,一般项目逐项检验点的合格率_____%。 单元工程质量等级评定为:_____。 　　　　　　　　　　　　　　　　　　　　(签字,加盖公章)　　　年　月　日

_____工程

表 12010　泥结碎石路面单元工程施工质量验收评定表

单位工程名称			单元工程量	
分部工程名称			施工单位	
单元工程名称			施工日期	年 月 日至 年 月 日

项次		工序名称、编号	工序质量验收评定等级
主要工序	1	泥结碎石路面层碾压	
一般工序	1	泥结碎石路面层摊铺	

施工单位自评意见	各工序施工质量全部合格,其中优良工序占_____%,主要工序达到_____等级。 单元工程质量等级评定为:_____。 　　　　　　　　　　　　　　　　　　　　　　　　　(签字,加盖公章)　　　年 月 日
监理机构复核评定意见	经抽检并查验相关检验报告和检验资料,各工序施工质量全部合格,其中优良工序占_____%,主要工序达到_____等级。 单元工程质量等级评定为:_____。 　　　　　　　　　　　　　　　　　　　　　　　　　(签字,加盖公章)　　　年 月 日

_____工程

表 12010.1 泥结碎石路面层摊铺工序施工质量验收评定表

单位工程名称			工序名称、编号		
分部工程名称			施工单位		
单元工程名称、编号			施工日期	年 月 日至	年 月 日

项次		检验项目	质量标准	检查(测)记录或备查资料名称	合格数	合格率(%)
主控项目	1	碎石、黏土质量	(1)石料。可采用轧制碎石或天然碎石。碎石的扁平细长颗粒不宜超过20%并不得有其他杂质; (2)黏土。主要起粘结和填充的作用。黏土内不得含腐殖质或其他杂质,黏土含量不宜超过石料干重的20%; (3)混合均匀			
一般项目	1	宽度	+0(cm)以上			
	2	平整度	2(cm)			
施工单位自评意见	主控项目检验点100%合格,一般项目逐项检验点的合格率_____%,且不合格点不集中分布。 工序质量等级评定为:_____。 <div align="right">(签字,加盖公章)　　　年　月　日</div>					
监理机构复核评定意见	经复核,主控项目检验点100%合格,一般项目逐项检验点的合格率_____%,且不合格点不集中分布。 工序质量等级评定为:_____。 <div align="right">(签字,加盖公章)　　　年　月　日</div>					

_____工程

表 12010.2 泥结碎石路面层碾压工序施工质量验收评定表

单位工程名称		工序编号	
分部工程名称		施工单位	
单元工程名称		施工日期	年 月 日至 年 月 日

项次		检验项目	质量标准	检查(测)记录或备查资料名称	合格数	合格率(%)
主控项目	1	压实指标	不小于设计干密度			
一般项目	1	碾压作业	碾压机械行走方向平行于堤轴线,碾迹及搭接符合设计要求,			

施工单位自评意见	主控项目检验点100%合格,一般项目逐项检验点的合格率_____%,且不合格点不集中分布。 工序质量等级评定为:_____。 (签字,加盖公章) 年 月 日
监理机构复核评定意见	经复核,主控项目检验点100%合格,一般项目逐项检验点的合格率_____%,且不合格点不集中分布。 工序质量等级评定为:_____。 (签字,加盖公章) 年 月 日

_____工程

表 12011 灯柱安装单元工程施工质量验收评定表

单位工程名称				单元工程量		
分部工程名称				施工单位		
单元工程名称				施工日期	年 月 日至	年 月 日

项次		检验项目	质量标准	检查(测)记录或备查资料名称	合格数	合格率（%）
主控项目	1	基本要求	符合规范要求			
	2	外观鉴定	灯柱混凝土表面的蜂窝麻面面积不超过该构件面积的0.5%;灯具的连接稳定牢固;灯具无划痕、擦伤现象;灯柱基座平整美观。			
	3	灯柱竖直度（mm/m）	±5			
一般项目	1	灯柱地面以上高度(mm)	±40			
	2	平面位置(mm) 纵向	±100			
		横向	±20			

施工单位自评意见	主控项目检验结果全部符合验收评定标准,一般项目逐项检验点的合格率_____%。 单元工程质量等级评定为:_____。 （签字,加盖公章） 年 月 日
监理机构复核评定意见	经抽检并查验相关检验报告和检验资料,主控项目检验结果全部符合验收评定标准,一般项目逐项检验点的合格率_____%。 单元工程质量等级评定为:_____。 （签字,加盖公章） 年 月 日

表 12012　铺砌式面砖单元工程施工质量验收评定表

单位工程名称				单元工程量		
分部工程名称				施工单位		
单元工程名称				施工日期	年　月　日至　　年　月　日	

项次		检测项目	质量标准		检验(实测值)记录	合格数	合格率(%)
			设计值	允许偏差(mm)			
主控项目	1	材料质量	材料的规格、外观质量,应符合设计和规范要求				
	2	面砖物理性能	弯拉或抗压强度、耐磨性试验、吸水率应符合设计要求				
	3	砂浆	抗压强度等级应符合设计要求				
一般项目	1	铺筑表面质量	表面应平整、稳固、无翘动,缝线直顺、灌缝饱满,无反坡积水现象				
	2	纵断高程		±10			
	3	横坡		设计值±0.25%			
	4	宽度		0,+20			
	5	相邻块高差		≤2			
	6	纵横缝直顺度		≤5			
	7	缝宽		+3,-2			

施工单位自评意见	主控项目检验点全部符合质量标准,一般项目逐项检验点的合格率不低于_____%。 单元工程质量等级评定为:_____。 　　　　　　　　　　　　　　　　　　　　　(签字,加盖公章)　　　　年　月　日
监理机构复核意见	经抽检并查验相关检验报告和检验资料,主控项目检验点全部符合质量标准,一般项目逐项检验点的合格率不低于_____%。 单元工程质量等级评定为:_____。 　　　　　　　　　　　　　　　　　　　　　(签字,加盖公章)　　　　年　月　日

第 13 部分
房屋建筑工程验收评定表

表 13001　砖砌体单元工程施工质量验收评定表

表 13002　填充墙砌体单元工程施工质量验收评定表

表 13003　屋面单元工程施工质量验收评定表

表 13004　屋面金属板铺装单元工程施工质量验收评定表

表 13005　暗龙骨吊顶单元工程施工质量验收评定表

表 13006　门窗玻璃安装单元工程施工质量验收评定表

表 13007　木门窗单元工程施工质量验收评定表

表 13008　铝合金门窗安装单元工程施工质量验收评定表

表 13009　特种门安装单元工程施工质量验收评定表

表 13010　饰面砖粘贴安装单元工程施工质量验收评定表

表 13011　一般抹灰单元工程施工质量验收评定表

表 13012　水性涂料涂饰单元工程施工质量验收评定表

表 13013　溶剂型涂料涂饰单元工程施工质量验收评定表

表 13014　美术涂饰单元工程施工质量验收评定表

表 13015　钢结构单元工程施工质量验收评定表

表 13016　碎石垫层和碎砖垫层单元工程施工质量验收评定表

表 13017　水泥混凝土垫层单元工程施工质量验收评定表

表 13018　地面(水泥混凝土面层)单元工程施工质量验收评定表

表 13019　地面(砖面层)单元工程施工质量验收评定表

表 13020　地面(活动地板面层)单元工程施工质量验收评定表

表 13021　地面(自流平面层)单元工程施工质量验收评定表

表 13022　护栏和扶手制作与安装单元工程施工质量验收评定表

表 13023　金属栏杆安装单元工程施工质量验收评定表

表 13024　石材栏杆安装单元工程施工质量验收评定表

表 13025　钢爬梯制作与安装单元工程施工质量验收评定表

_____工程

表 13001　砖砌体单元工程施工质量验收评定表

单位工程名称			单元工程量		
分部工程名称			施工单位		
单元工程名称、部位			施工日期	年　月　日至　　年　月　日	

项次		检验项目	质量要求	检查记录	合格数	合格率（%）
主控项目	1	砖强度等级	设计要求 MU			
	2	砂浆强度等级	设计要求 M			
	3	斜槎留置	普通砖砌体斜槎水平投影长度不应小于高度的2/3,多孔砖砌体的斜槎长高比不应小于1/2;斜槎高度不得超过一步脚手架			
	4	转角、交接处	转角处和交接处应同时砌筑,严禁无可靠措施的内外墙分砌施工			
	5	直槎拉结钢筋接槎处理	直槎必须做成凸槎,且应加设拉结钢筋;拉结钢筋应符合下列规定:①每 120 mm 墙厚放置 1φ6 拉结钢筋(120 mm 墙厚应放置 2φ6 拉结钢筋);②间距沿墙高不应超过 500 mm,且竖向间距偏差不应超过 100 mm;③埋入长度从留槎处算起每边均不应小于 500 mm,对抗震设防烈度为 6 度、7 度的地区,不应小于 1 000 mm;④末端应有 90° 弯钩。			
	6	砂浆饱满度	≥80%(墙)			
			≥90%(柱)			
一般项目	1	轴线偏移	≤10 mm			
	2	垂直度（每层）	≤5 mm			

续表 13001

项次		检验项目	质量要求	检查记录	合格数	合格率（%）
一般项目	3	组砌方法	内外搭砌,上、下错缝;清水墙、窗间墙无通缝;混水墙中不得有长度大于 300 mm 的通缝,长度 200 mm~300 mm 的通缝每间不超过 3 处,且不得位于同一面墙体上;砖柱不得采用包心砌法			
	4	水平灰缝厚度(10 mm)	8~12 mm			
	5	竖向灰缝宽度(10 mm)	8~12 mm			
	6	基础、墙、柱顶面标高	±15 mm 以内			
	7	表面平整度	≤5 mm(清水)			
			≤8 mm(混水)			
	8	门窗洞口高、宽(后塞口)	允许偏差±5 mm			
	9	窗口偏移	≤20 mm			
	10	水平灰缝平直度	≤7 mm(清水)			
			≤10 mm(混水)			
	11	清水墙游丁走缝	≤20 mm			
施工单位自评意见			主控项目检验点全部合格,一般项目逐项检验点的合格率均不小于_____%,且不合格点不集中分布,各项报验资料_____GB 50203—2011 的要求。 单元工程质量等级评定为:_____。 （签字,加盖公章）　　　年　月　日			
监理机构复核意见			经复核,主控项目检验点全部合格,一般项目逐项检验点的合格率均不小于_____%,且不合格点不集中分布,各项报验资料_____GB 50203—2011 的要求。 单元工程质量等级评定为:_____。 （签字,加盖公章）　　　年　月　日			

注:依据 GB 50203

表 13002 填充墙砌体单元工程施工质量验收评定表

单位工程名称				单元工程量			
分部工程名称				施工单位			
单元工程名称、部位				施工日期	年 月 日至		年 月 日
项次		检验项目	质量要求	检查记录		合格数	合格率（%）
主控项目	1	块体强度等级	设计要求 MU				
	2	砂浆强度等级	设计要求 M				
	3	与主体结构连接	填充墙砌体应与主体结构可靠连接,其连接构造应符合设计要求,未经设计同意,不得随意改变连接构造方法;每一填充墙与柱的拉结筋的位置超过一皮块体高度的数量不得多于一处				
	4	植筋实体检测	填充墙与承重墙、柱、梁的连接钢筋,当采用化学植筋的连接方式时,应进行实体检测;锚固钢筋拉拔试验的轴向受拉非破坏承载力检验值应为6.0 kN;抽检钢筋在检验值作用下应基材无裂缝、钢筋滑移宏观裂损现象;持荷 2 min 期间荷载值降低不大于5%				
一般项目	1	轴线偏移	≤10 mm				
	2	墙面垂直度（每层） ≤3 m	≤5 mm				
		>3 m	≤10 mm				
	3	表面平整度	≤8 mm				
	4	门窗洞口	±10 mm				
	5	窗口偏移	≤20 mm				
	6	水平缝砂浆饱满度	空心砖砌体 ≥80%				
			蒸压加气混凝土砌块、轻骨料混凝土小型空心砌块砌体 ≥80%				
	7	竖缝砂浆饱满度	空心砖砌体 填满砂浆,不得有透明缝、瞎缝、假缝				
			蒸压加气混凝土砌块、轻骨料混凝土小型空心砌块砌体 ≥80%				

_____工程

续表 13002

项次		检验项目	质量要求		检查记录	合格数	合格率（%）
一般项目	8	拉结筋、网片位置	拉结钢筋或网片的位置应与块体皮数相符合,应置于灰缝中,竖向位置偏差不应超过一皮高度				
	9	拉结筋、网片埋置长度	埋置长度应符合设计要求				
	10	搭砌长度	砌筑填充墙时应错缝搭砌,蒸压加气混凝土砌块搭砌长度不应小于砌块长度的1/3;轻骨料混凝土小型砌块搭砌长度不应小于90 mm;竖向通缝不应大于2皮				
	11	灰缝厚度	烧结空心砖、轻骨料混凝土小型砌块	8~12 mm			
			蒸压加气混凝土砌块(用水泥砂浆、水泥混合砂浆或蒸压加气混凝土砌块砌筑砂浆砌筑时)	≤15 mm			
			蒸压加气混凝土砌块(用蒸压加气混凝土砌块粘结砂浆时)	8~12 mm			
	12	灰缝宽度	烧结空心砖、轻骨料混凝土小型砌块	8~12 mm			
			蒸压加气混凝土砌块(用水泥砂浆、水泥混合砂浆或蒸压加气混凝土砌块砌筑砂浆砌筑时)	≤15 mm			
			蒸压加气混凝土砌块(用蒸压加气混凝土砌块粘结砂浆时)	8~12 mm			
施工单位自评意见			主控项目检验点全部合格,一般项目逐项检验点的合格率均不小于_____%,且不合格点不集中分布,各项报验资料_____GB 50203—2011的要求。 单元工程质量等级评定为:_____。 <div align=right>(签字,加盖公章)　　　年　月　日</div>				
监理机构复核意见			经复核,主控项目检验点全部合格,一般项目逐项检验点的合格率均不小于_____%,且不合格点不集中分布,各项报验资料_____GB 50203—2011的要求。 单元工程质量等级评定为:_____。 <div align=right>(签字,加盖公章)　　　年　月　日</div>				

注:依据 GB 50203

表 13003　屋面单元工程施工质量验收评定表

单位工程名称		单元工程量	
分部工程名称		施工单位	
单元工程名称、部位		施工日期	年　月　日至　年　月　日

项次	工序名称(或编号)	工序质量验收评定等级
1	屋面找坡层	
2	屋面保温层	
3	△屋面防水层	
4	屋面细部结构	
施工单位自评意见	各工序施工质量全部合格,其中优良工序占_____%,且主要工序达到_____等级,各项报验资料_____GB 50207—2012 的要求。 单元工程质量等级评定为:_____。 　　　　　　　　　　　　　　　(签字,加盖公章)　　　年　月　日	
监理单位复核意见	经抽查并查验相关检验报告和检验资料,各工序施工质量全部合格,其中优良工序占_____%,且主要工序达到_____等级,各项报验资料_____GB 50207—2012 的要求。 单元工程质量等级评定为:_____。 　　　　　　　　　　　　　　　(签字,加盖公章)　　　年　月　日	

注:本表所填"单元工程量"不作为施工单位工程量结算计量的依据。

_____工程

表 13003.1 屋面找坡层(找平层)工序施工质量验收评定表

单位工程名称				工序编号		
分部工程名称				施工单位		
单元工程名称、部位				施工日期	年 月 日至 年 月 日	

项次		检验项目	质量要求	检查记录	合格数	合格率(%)
主控项目	1	材料质量及配合比	符合设计要求			
	2	排水坡度	符合设计要求			
一般项目	1	表面质量	找平层应抹平、压光,不得有酥松、起砂、起皮现象			
	2	交接处和转角处细部处理	卷材防水层的基层与突出屋面结构的交界处,以及基层的转角处,找平层应做成圆弧形,且应整齐平顺			
	3	分缝位置和间距	符合设计要求			
	4	表面平整度允许偏差	找坡层	7 mm			
			找平层	5 mm			

施工单位自评意见	主控项目检验点全部合格,一般项目逐项检验点的合格率均不小于_____%,且不合格点不集中分布,各项报验资料_____GB 50207—2012 的要求。 工序质量等级评定为:_____。 (签字,加盖公章)　　　年 月 日
监理机构复核意见	经复核,主控项目检验点全部合格,一般项目逐项检验点的合格率均不小于_____%,且不合格点不集中分布,各项报验资料_____GB 50207—2012 的要求。 工序质量等级评定为:_____。 (签字,加盖公章)　　　年 月 日

_____工程

表 13003.2　屋面板状材料保温层工序施工质量验收评定表

单位工程名称				工序编号			
分部工程名称				施工单位			
单元工程名称、部位				施工日期	年　月　日至		年　月　日

项次		检验项目	质量要求	检查记录	合格数	合格率（%）
主控项目	1	保温材料质量	符合设计要求			
	2	保温材料厚度	其正偏差应不限,负偏差应为 5%,且不得大于 4 mm			
	3	屋面热桥部位处理	符合设计要求			
一般项目	1	铺设质量	板状保温材料铺设应紧贴基层,应铺平垫稳,拼缝应严密,粘贴应牢固			
	2	固定件和垫片	固定件的规格、数量和位置均符合设计要求;垫片应与保温层齐平			
	3	表面平整度	允许偏差 5 mm			
	4	接缝高低差	允许偏差 2 mm			

施工单位自评意见	主控项目检验点全部合格,一般项目逐项检验点的合格率均不小于_____%,且不合格点不集中分布,各项报验资料_____GB 50207—2012 的要求。 　　工序质量等级评定为:_____。 　　　　　　　　　　　　　　　　　　　　（签字,加盖公章）　　　年　月　日
监理机构复核意见	经复核,主控项目检验点全部合格,一般项目逐项检验点的合格率均不小于_____%,且不合格点不集中分布,各项报验资料_____GB 50207—2012 的要求。 　　工序质量等级评定为:_____。 　　　　　　　　　　　　　　　　　　　　（签字,加盖公章）　　　年　月　日

表 13003.3 屋面纤维材料保温层工序施工质量验收评定表

单位工程名称				工序编号			
分部工程名称				施工单位			
单元工程名称、部位				施工日期	年 月 日至 年 月 日		

项次		检验项目	质量要求	检查记录	合格数	合格率(%)
主控项目	1	}	符合设计要求			
	2	保温材料厚度	其正偏差应不限,毡不得有负偏差;板负偏差应为4%,且不得大于3 mm			
	3	屋面热桥部位处理	符合设计要求			
一般项目	1	铺设质量	纤维保温材料铺设应紧贴基层,拼缝应严密,表面应平整			
	2	装配式骨架和水泥纤维板	应铺钉牢固,表面应平整;龙骨间距和板材厚度符合设计要求			
	3	玻璃棉制品	具有抗水蒸气渗透外覆面的玻璃棉制品,其外覆面应朝向室内,拼缝应用防水密封胶带封严			

施工单位自评意见	主控项目检验点全部合格,一般项目逐项检验点的合格率均不小于_____%,且不合格点不集中分布,各项报验资料_____GB 50207—2012 的要求。 工序质量等级评定为:_____。 <div align="right">(签字,加盖公章) 年 月 日</div>
监理机构复核意见	经复核,主控项目检验点全部合格,一般项目逐项检验点的合格率均不小于_____%,且不合格点不集中分布,各项报验资料_____GB 50207—2012 的要求。 工序质量等级评定为:_____。 <div align="right">(签字,加盖公章) 年 月 日</div>

_____工程

表 13003.4　屋面喷涂硬泡聚氨酯材料保温层工序施工质量验收评定表

单位工程名称				工序编号		
分部工程名称				施工单位		
单元工程名称、部位				施工日期	年 月 日至　年 月 日	

项次		检验项目	质量要求	检查记录	合格数	合格率（%）
主控项目	1	原材料的质量及配合比	符合设计要求			
	2	保温材料厚度	正负偏差应为5%,求不得大于5 mm			
	3	屋面热桥部位处理	符合设计要求			
一般项目	1	施工质量	应分层施工,粘结应牢固,表面应平整;不得有贯通性裂缝,以及疏松、起砂、起皮现象			
	2	表面平整度	允许偏差5 mm			

施工单位自评意见	主控项目检验点全部合格,一般项目逐项检验点的合格率均不小于_____%,且不合格点不集中分布,各项报验资料_____GB 50207—2012 的要求。 　　工序质量等级评定为:_____。 　　　　　　　　　　　　　　　　　　　　（签字,加盖公章）　　年 月 日
监理机构复核意见	经复核,主控项目检验点全部合格,一般项目逐项检验点的合格率均不小于_____%,且不合格点不集中分布,各项报验资料_____GB 50207—2012 的要求。 　　工序质量等级评定为:_____。 　　　　　　　　　　　　　　　　　　　　（签字,加盖公章）　　年 月 日

_____工程

表 13003.5 屋面卷材防水层工序施工质量验收评定表

单位工程名称				工序编号		
分部工程名称				施工单位		
单元工程名称、部位				施工日期	年 月 日至 年 月 日	

项次		检验项目	质量要求	检查记录	合格数	合格率（%）
主控项目	1	卷材及配套材料质量	符合设计要求			
	2	卷材防水层	卷材防水层不得有渗漏和积水现象			
	3	防水细部构造	卷材防水层在檐口、檐沟、天沟、水落口、泛水、变形缝和伸出屋面管道的防水构造应符合设计要求			
一般项目	1	卷材搭接缝质量	应分层施工,粘结应牢固,表面应平整;不得有贯通性裂缝,以及疏松、起砂、起皮现象			
	2	卷材收头质量	应粘结或焊接牢固,密封应严密,不得扭曲、皱褶和翘边			
	3	铺贴方向	铺贴方向应正确			
	4	卷材搭接宽度	允许偏差-10 mm			
	5	排气房屋孔道留置	屋面排气构造的排气道应纵横贯通,不得堵塞;排气管应安装牢固,位置应正确,封闭应严密			

施工单位自评意见	主控项目检验点全部合格,一般项目逐项检验点的合格率均不小于_____%,且不合格点不集中分布,各项报验资料_____GB 50207—2012 的要求。 工序质量等级评定为:_____。 （签字,加盖公章）　　　年　月　日
监理机构复核意见	经复核,主控项目检验点全部合格,一般项目逐项检验点的合格率均不小于_____%,且不合格点不集中分布,各项报验资料_____GB 50207—2012 的要求。 工序质量等级评定为:_____。 （签字,加盖公章）　　　年　月　日

_____工程

表 13003.6 屋面细部构造工序施工质量验收评定表

单位工程名称			工序编号			
分部工程名称			施工单位			
单元工程名称、部位			施工日期	年 月 日至		年 月 日
项次		检验项目	质量要求	检查记录	合格数	合格率(%)
主控项目	1	防水构造	符合设计要求			
	2	排水坡度	符合设计要求			
	3	渗漏和积水	不得有渗漏和积水现象			
一般项目	1	檐口	符合 GB 50207—2012 第 8.2.3、8.2.4、8.2.5 和 8.26 条			
	2	檐沟和天沟	符合 GB 50207—2012 第 8.3.3、8.3.4 和 8.3.5 条			
	3	女儿墙和山墙	符合 GB 50207—2012 第 8.4.4、8.4.5 和 8.4.6 条			
	4	水落口	符合 GB 50207—2012 第 8.5.3、8.5.4 和 8.5.5 条			
	5	变形缝	符合 GB 50207—2012 第 8.6.3、8.6.4、8.6.5 和 8.6.6 条			
	6	伸出屋面管道	符合 GB 50207—2012 第 8.7.3、8.7.4 和 8.7.5 条			
	7	屋面出入口	符合 GB 50207—2012 第 8.8.3、8.8.4 和 8.8.5 条			
	8	反梁过水孔	符合 GB 50207—2012 第 8.9.3 和 8.9.4 条			
	9	设施基座	符合 GB 50207—2012 第 8.11.3 和 8.11.4 条			
	10	屋脊	符合 GB 50207—2012 第 8.10.3、8.10.4 和 8.10.5 条			
	11	屋顶窗	符合 GB 50207—2012 第 8.12.3 和 8.12.4 条			
施工单位自评意见		主控项目检验点全部合格,一般项目逐项检验点的合格率均不小于_____%,且不合格点不集中分布,各项报验资料_____GB 50207—2012 的要求。 工序质量等级评定为:_____。 (签字,加盖公章)　　　年　月　日				
监理机构复核意见		经复核,主控项目检验点全部合格,一般项目逐项检验点的合格率均不小于_____%,且不合格点不集中分布,各项报验资料_____GB 50207—2012 的要求。 工序质量等级评定为:_____。 (签字,加盖公章)　　　年　月　日				

表 13004 屋面金属板铺装单元工程施工质量验收评定表

单位工程名称				工序编号			
分部工程名称				施工单位			
单元工程名称、部位				施工日期	年 月 日至		年 月 日

项次		检验项目	质量要求		检查记录	合格数	合格率(%)
主控项目	1	金属板及其辅助材料的质量	符合设计要求				
	2	金属板屋面	金属板屋面不得有渗漏现象				
一般项目	1	金属板铺装量	金属板铺装应平整、顺滑,排水坡度应符合设计要求				
	2	咬口锁边	压型金属板的咬口锁边连接应严密、连续、平整,不得扭曲和裂口				
	3	紧固件连接	压型金属板的紧固件连接应采用带防水垫圈的自攻螺钉,固定点应设在波峰上,所有自攻螺钉外露的部位均应密封处理				
	4	金属面绝热夹芯板搭接	纵向和横向搭接应符合设计要求				
	5	屋脊、檐口、泛水	金属板的屋脊、檐口、泛水,直线段应顺直,曲线段应顺畅				
	6	铺装允许偏差	檐口与屋脊的平行度	15 mm			
			金属板对屋脊的垂直度	单坡长度的1/800,且不大于 25 mm			
			金属板咬缝的平整度	10 mm			
			檐口相邻两边的端部错位	6 mm			
			金属板铺装的有关尺寸	符合设计要求			

施工单位自评意见	主控项目检验点全部合格,一般项目逐项检验点的合格率均不小于_____%,且不合格点不集中分布,各项报验资料_____GB 50207—2012 的要求。 工序质量等级评定为:_____。 (签字,加盖公章) 年 月 日
监理机构复核意见	经复核,主控项目检验点全部合格,一般项目逐项检验点的合格率均不小于_____%,且不合格点不集中分布,各项报验资料_____GB 50207—2012 的要求。 工序质量等级评定为:_____。 (签字,加盖公章) 年 月 日

表 13005　暗龙骨吊顶单元工程施工质量验收评定表

单位工程名称			单元工程量		
分部工程名称			施工单位		
单元工程名称、部位			施工日期	年　月　日至　年　月　日	

项次		检验项目	质量要求	检查记录	合格数	合格率(%)
主控项目	1	标高、尺寸、起拱和构造	符合设计要求			
	2	饰面材料	符合设计要求			
	3	吊杆、龙骨、饰面材料安装	安装必须牢固			
	4	吊杆、龙骨的材质	吊杆、龙骨的材质、规格、安装间距及连接方式应符合设计要求;金属吊杆、龙骨应经过表面防腐处理;木吊杆、龙骨应进行防腐、防火处理			
	5	石膏板接缝	石膏板的接缝应按其施工工艺标准进行板缝防裂处理;安装双层石膏板时,面层板与基层板的接缝应错开,并不得在同一根龙骨上接缝			
一般项目	1	材料表面质量	饰面材料表面应洁净、色泽一致,不得有翘曲、裂缝及缺损;压条应平直、宽窄一致			
	2	灯具等设备	饰面板上的灯具、烟感器、喷淋头、风口篦子等设备的布置应合理、美观,与饰面板的交接应吻合、严密			
	3	龙骨、吊杆的接缝	金属吊杆、龙骨的接缝应均匀一致,角缝应吻合,表面应平整,无翘曲、锤印;木质吊杆、龙骨应顺直,无劈裂、变形			

续表 13005

项次		检验项目	质量要求		检查记录	合格数	合格率(%)
一般项目	4	填充材料	吊顶内填充吸声材料的品种和铺设厚度应符合设计要求,并应有防散落措施				
	5	表面平整度	纸面石膏板	允许偏差 3 mm			
			金属板	允许偏差 2 mm			
			矿棉板	允许偏差 3 mm			
			木板、塑料板、格栅	允许偏差 2 mm			
	6	接缝直线度	纸面石膏板	允许偏差 3 mm			
			金属板	允许偏差 2 mm			
			矿棉板	允许偏差 3 mm			
			木板、塑料板、格栅	允许偏差 3 mm			
	7	接缝高低差	纸面石膏板	允许偏差 1 mm			
			金属板	允许偏差 1 mm			
			矿棉板	允许偏差 2 mm			
			木板、塑料板、格栅	允许偏差 1 mm			

施工单位自评意见	主控项目检验点全部合格,一般项目逐项检验点的合格率均不小于_____%,且不合格点不集中分布,各项报验资料_____GB 50210—2018 的要求。 单元工程质量等级评定为:_____%。 　　　　　　　　　　　　　　　　　　　　　　(签字,加盖公章)　　　年 月 日
监理机构复核意见	经复核,主控项目检验点全部合格,一般项目逐项检验点的合格率均不小于_____%,且不合格点不集中分布,各项报验资料_____%GB 50210—2018 的要求。 单元工程质量等级评定为:_____%。 　　　　　　　　　　　　　　　　　　　　　　(签字,加盖公章)　　　年 月 日

_____工程

表 13006 门窗玻璃安装单元工程施工质量验收评定表

单位工程名称			单元工程量		
分部工程名称			施工单位		
单元工程名称、部位			施工日期	年 月 日至 年 月 日	

项次		检验项目	质量要求	检查记录	合格数	合格率(%)
主控项目	1	玻璃质量	玻璃品种、规格、尺寸、色彩、图案和涂膜朝向应符合设计要求,单块玻璃大于1.5 m²时应使用安全玻璃			
	2	玻璃裁割与安装质量	门窗玻璃的裁割尺寸应正确;安装后的玻璃应牢固,不得有裂纹、损伤和松动			
	3	安装方法	玻璃的安装方法应符合设计要求			
	4	钉子或钢丝卡	吊固定玻璃的钉子或钢丝卡的数量、规格应保证玻璃安装牢固			
	5	木压条	镶钉木压条接触玻璃处,应与裁口边缘平齐;木压条应相互紧密连接,并与裁口边缘紧贴,割角应整齐			
	6	密封条的玻璃压条	密封条与玻璃、玻璃槽口的接触应紧密、平整;密封胶与玻璃、玻璃槽口的边缘应粘结牢固、接缝平齐			
	7	带密封条的玻璃压条	带密封条的玻璃压条,其密封条必须与玻璃全部贴紧,压条与型材之间无明显缝隙,压条接缝应不大于0.5 mm			
一般项目	1	玻璃表面	饰玻璃表面应洁净、不得有腻子、密封胶、涂料等污渍,中空玻璃内外表面应洁净,玻璃中空层内不得有灰尘和水蒸气			
	2	玻璃与型材	门窗玻璃不得直接接触型材			
	3	镀膜层与磨砂层	单面镀膜玻璃的镀膜层及磨砂玻璃的磨砂面应朝向室内;中空玻璃的单面镀膜玻璃应在最外层,镀膜层应朝向室内			
	4	腻子	腻子应填抹饱满,粘结牢固;腻子边缘与裁口应平齐;固定玻璃的卡子不应在腻子表面显露			

施工单位自评意见	主控项目检验点全部合格,一般项目逐项检验点的合格率均不小于_____%,且不合格点不集中分布,各项报验资料_____GB 50210—2018 的要求。 单元工程质量等级评定为:_____。 (签字,加盖公章)　　　　年　月　日
监理机构复核意见	经复核,主控项目检验点全部合格,一般项目逐项检验点的合格率均不小于_____%,且不合格点不集中分布,各项报验资料_____GB 50210—2018 的要求。 单元工程质量等级评定为:_____。 (签字,加盖公章)　　　　年　月　日

_____工程

表13007　木门窗单元工程施工质量验收评定表

单位工程名称		单元工程量	
分部工程名称		施工单位	
单元工程名称、部位		施工日期	年　月　日至　　年　月　日

项次	工序名称(或编号)	工序质量验收评定等级
1	木门窗制作	
2	木门窗安装	

施工单位自评意见	各工序施工质量全部合格,其中优良工序占_____%,且主要工序达到_____等级,各项报验资料_____GB 50210—2018的要求。 单元工程质量等级评定为:_____。 　　　　　　　　　　　　　　　(签字,加盖公章)　　　年　月　日
监理单位复核意见	经抽查并查验相关检验报告和检验资料,各工序施工质量全部合格,其中优良工序占_____%,且主要工序达到_____等级,各项报验资料_____GB 50210—2018的要求。 单元工程质量等级评定为:_____。 　　　　　　　　　　　　　　　(签字,加盖公章)　　　年　月　日

注:本表所填"单元工程量"不作为施工单位工程量结算计量的依据。

表 13007.1 木门窗制作工序施工质量验收评定表

单位工程名称			单元工程量	
分部工程名称			施工单位	
单元工程名称、部位			施工日期	年 月 日至 年 月 日

项次		检验项目	质量要求	检查记录	合格数	合格率(%)
主控项目	1	材料质量	木门窗的木材品种、材质等级、规格、尺寸、框扇的线性及人造木板的甲醛含量应符合设计要求。设计未规定木材质量应符合本规范附录 A 的规定			
	2	木材含水率	木门窗应采用烘干的木材,含水率应符合设计规范			
	3	防火、防腐、防虫	符合设计规范			
	4	木节及虫眼	木门窗结合处和安装配件处不得有木节或已填补的木节。木门窗如有允许限值以内的死节及直径较大的虫眼时,应用统一材质的木塞加胶填补。对于清漆制品,木塞的木纹和色泽应与制品一致			
	5	榫槽连接	门窗框和厚度大于 50 mm 的门窗扇应用双榫连接。榫槽应采用胶料严密嵌合,并应用胶楔加紧			
	6	胶合板、纤维板、模压门质量	胶合板门、纤维板门和模压门不得脱胶。胶合板不得刨透表层单板,不得有戗槎。制作胶合板门、纤维板门时,边框和横楞应在同一平面上,面层、边框及横楞应加压胶结。横楞和上、下冒头应各钻两个以上的透气孔,透气孔应通畅			
一般项目	1	木门窗表面质量	木门窗表面应洁净,不得有刨痕、锤痕			
	2	木门窗割角、拼缝	木门窗的割角、拼缝应严密平整。门窗框、扇裁口应顺直,刨面应平整			
	3	木门窗槽孔质量	木门窗上的槽、孔应边缘整齐,无毛刺			

_____工程

续表 13007.1

项次	检验项目			质量要求	检查记录	合格数	合格率(%)
一般项目	GP制作允许偏差	4	翘曲 框 普通	4 mm			
			框 高级	2 mm			
			扇 普通	2 mm			
			扇 高级	2 mm			
		5	对角线长度 框、扇 普通	4 mm			
			框、扇 高级	2 mm			
		6	表面平整度 扇 普通	2 mm			
			扇 高级	2 mm			
		7	高度、宽度 框 普通	0 mm、-2 mm			
			框 高级	0 mm、-1 mm			
			扇 普通	+2 mm、0 mm			
			扇 高级	+1 mm、0 mm			
		8	裁口、线条结合处高低差 框、扇 普通	1 mm			
			框、扇 高级	0.5 mm			
		9	相邻棂子两端间距 扇 普通	2 mm			
			扇 高级	1 mm			

施工单位自评意见	主控项目检验点全部合格,一般项目逐项检验点的合格率均不小于_____%,且不合格点不集中分布,各项报验资料_____GB 50210—2018 的要求。 单元工程质量等级评定为:_____。 <div align="right">(签字,加盖公章)　　　年　月　日</div>
监理机构复核意见	经复核,主控项目检验点全部合格,一般项目逐项检验点的合格率均不小于_____%,且不合格点不集中分布,各项报验资料_____GB 50210—2018 的要求。 单元工程质量等级评定为:_____。 <div align="right">(签字,加盖公章)　　　年　月　日</div>

<u>　　　　　　　　　</u>工程

表 13007.2　木门窗安装工序施工质量验收评定表

单位工程名称			单元工程量	
分部工程名称			施工单位	
单元工程名称、部位			施工日期	年　月　日至　　年　月　日

项次		检验项目	质量要求	检查记录	合格数	合格率(%)
主控项目	1	木门窗品种、规格、安装方向位置	符合设计要求			
	2	木门窗安装牢固	木门窗安装必须牢固。预埋木砖的防腐处理、木门窗框固定点的数量、位置及固定方法应符合设计要求			
	3	木门窗安装	木门窗安装必须牢固,并应开关灵活,关闭严密,无倒翘			
	4	门窗配件安装	木门窗配件的型号、规格、数量应符合设计要求,安装应牢固,位置应正确、功能应满足使用要求			
一般项目	1	缝隙填嵌材料	木门窗与墙体间缝隙的填嵌材料应符合设计规范要求,填嵌应饱满。寒冷地区外门窗(或门窗框)与砌体间的空隙应填充保温材料			
	2	批水、盖口条等细部	木门窗批水、盖口条、压缝条、密封条的安装应顺直,与门窗结合应牢固、严密			

续表 13007.2

项次		检验项目		质量要求	检查记录	合格数	合格率(%)
一般项目	3	门窗扇对口缝	高级	1~2.5 mm			
			普通	1.5~2 mm			
	4	工业厂房双扇大门对口缝	普通	2~5 mm			
			高级	—			
	5	门窗扇与上框间留隙	普通	1~2.5 mm			
			高级	1~1.5 mm			
	6	窗扇与下框间留隙	普通	2~3 mm			
			高级	2~2.5 mm			
	7	无下框时门扇与地面间留缝 / 外门	普通	4~7 mm			
		外门	高级	5~6 mm			
		内门	普通	5~8 mm			
		内门	高级	6~7 mm			
		卫生间门	普通	8~12 mm			
		卫生间门	高级	8~10 mm			
		厂房大门	普通	10~20 mm			
		厂房大门	高级	—			
	8	门窗槽口对角线长度差	普通	3 mm			
			高级	2 mm			
	9	门窗框的正、侧面垂直度	普通	2 mm			
			高级	1 mm			
	10	框与扇、扇与扇接缝高低差	普通	2 mm			
			高级	1 mm			
	11	双层门窗内外框间距	普通	4 mm			
			高级	3 mm			

注：项次3~7为"木门窗安装的留隙限制"，项次8~11为"木门窗安装的允许偏差"。

施工单位自评意见	主控项目检验点全部合格,一般项目逐项检验点的合格率均不小于_____%,且不合格点不集中分布,各项报验资料_____GB 50210—2018 的要求。 单元工程质量等级评定为:_____。 (签字,加盖公章)　　　年 月 日
监理机构复核意见	经复核,主控项目检验点全部合格,一般项目逐项检验点的合格率均不小于_____%,且不合格点不集中分布,各项报验资料_____GB 50210—2018 的要求。 单元工程质量等级评定为:_____。 (签字,加盖公章)　　　年 月 日

_____工程

表 13008　铝合金门窗安装单元工程施工质量验收评定表

单位工程名称			单元工程量		
分部工程名称			施工单位		
单元工程名称、部位			施工日期	年　月　日至　年　月　日	

项次		检验项目	质量要求	检查记录	合格数	合格率(%)
主控项目	1	门窗质量	门窗品种、类型、规格、尺寸、性能、开启方向、连接方式及铝合金门窗的型材厚度应符合设计要求;金属门窗的防腐处理及填嵌、密封处理应符合设计要求涂膜朝向应符合设计要求			
	2	框和副框安装、预埋件	窗框及副框的安装必须牢固;预埋件的数量、位置、埋设方式、与框的连接方式必须符合设计要求			
	3	门窗扇安装	门窗扇必须安装牢固,并应开关灵活、关闭严密,无倒翘;推拉门窗扇必须有防脱落措施			
	4	配件质量及安装	门窗配件的型号、规格、数量应符合设计要求,安装应牢固、位置应正确,功能应满足使用要求			
一般项目	1	表面质量	门窗表面应洁净、平整、光滑,色泽一致,无锈蚀,大面应无划痕、碰伤,漆膜或保护层应连续			
	2	推拉扇开关力	铝合金推拉门窗扇开关力应不大于100 N			
	3	框与墙体间缝隙	门窗框与墙体之间的缝隙应填嵌饱满,并采用密封胶密封;密封胶表面应光滑、顺直,无裂纹间			
	4	扇密封胶条或毛毡密封条	门窗扇的密封胶条或毛毡密封条应安装完好,不得脱槽			
	5	排水孔	有排水孔的门窗,排水孔应畅通,位置和数量应符合设计要求			

· 749 ·

续表 13008

项次	检验项目	质量要求		检查记录	合格数	合格率(%)
6	门窗槽口宽度、高度	≤1 500 mm	允许偏差:1.5 mm			
		>1 500 mm	允许偏差:2 mm			
7	门窗槽口对角线长度差	≤2 000 mm	允许偏差:3 mm			
		>2 000 mm	允许偏差:4 mm			
8	门窗框的正、侧面垂直度	允许偏差:2.5 mm				
9	门窗横框的水平度	允许偏差:2 mm				
10	门窗横框标高	允许偏差:5 mm				
11	门窗竖向偏离中心	允许偏差:5 mm				
12	双层门窗内外框间距	允许偏差:4 mm				
13	推拉门窗扇与框搭接量	允许偏差:1.5 mm				
施工单位自评意见	主控项目检验点全部合格,一般项目逐项检验点的合格率均不小于_____%,且不合格点不集中分布,各项报验资料_____GB 50210—2018的要求。 单元工程质量等级评定为:_____。 (签字,加盖公章)　　　年　月　日					
监理机构复核意见	经复核,主控项目检验点全部合格,一般项目逐项检验点的合格率均不小于_____%,且不合格点不集中分布,各项报验资料_____GB 50210-2018的要求。 单元工程质量等级评定为:_____。 (签字,加盖公章)　　　年　月　日					

_____工程

表 13009　特种门安装单元工程施工质量验收评定表

单位工程名称				单元工程量		
分部工程名称				施工单位		
单元工程名称、部位				施工日期	年 月 日至	年 月 日
项次		检验项目	质量要求	检查记录	合格数	合格率(%)
主控项目	1	门质量和性能	门特种门的质量和各项性能应符合设计要求			
	2	门的品种、类型、规格、尺寸、开启方向及防腐处理	特种门的品种、类型、规格、尺寸、开启方向及防腐处理应符合设计要求。			
	3	机械、自动和智能化装置	带有机械装置、自动化装置或智能化装置的特种门,其械装置、自动化装置或智能化装置的功能应符合设计要求和有关标准的规定			
	4	安装及预埋件	特种门安装必须牢固;预埋件的数量、位置、埋设方式、与框的连接方式必须符合设计要求			
	5	配件、安装及功能	特种门的配件应齐全,位置应正确,安装应牢固,功能应满足设计要求和特种门的各项性能要求。			
一般项目	1	表面装饰	特种门表面装饰应符合设计要求			
	2	表面质量	特种门的表面应洁净、无划痕、碰伤			
	3	推拉自动门留缝限值及允许偏差	符合 GB 50210—2018 第 5.5.9 条			
	4	推拉自动门感应时间限值	符合 GB 50210—2018 第 5.5.9 条			
	5	旋转门安装允许偏差	符合 GB 50210—2018 第 5.5.9 条			

施工单位自评意见	主控项目检验点全部合格,一般项目逐项检验点的合格率均不小于_____%,且不合格点不集中分布,各项报验资料_____GB 50210—2018 的要求。 　　单元工程质量等级评定为:_____。 　　　　　　　　　　　　　　　　　　　　　　(签字,加盖公章)　　　　年　月　日
监理机构复核意见	经复核,主控项目检验点全部合格,一般项目逐项检验点的合格率均不小于_____%,且不合格点不集中分布,各项报验资料_____GB 50210—2018 的要求。 　　单元工程质量等级评定为:_____。 　　　　　　　　　　　　　　　　　　　　　　(签字,加盖公章)　　　　年　月　日

表 13010　饰面砖粘贴安装单元工程施工质量验收评定表

单位工程名称				单元工程量		
分部工程名称				施工单位		
单元工程名称、部位				施工日期	年　月　日至	年　月　日

项次		检验项目	质量要求	检查记录	合格数	合格率(%)
主控项目	1	饰面砖质量	饰面砖的品种、规格、图案、颜色和性能符合设计要求			
	2	饰面砖粘贴材料	特饰面砖粘贴工程的找平、防水、粘结和勾缝材料及施工方法应符合设计要求及国家现行产品标准和工程技术标准的规定			
	3	饰面砖粘贴	饰面砖粘贴必须牢固			
	4	满粘法施工	满粘法施工的饰面砖工程应无空鼓、裂缝			
一般项目	1	饰面砖表面质量	饰面砖表面应平整、洁净、色泽一致,无裂痕和缺损			
	2	阴阳角及非套砖	阴阳角处搭接方式、非整砖使用部位应符合设计要求			
	3	墙面突出物周围	符墙面突出物周围的饰面砖应整砖套割吻合,边缘应整齐;墙裙、贴脸突出墙面的厚度应一致。			
	4	饰面砖接缝、填嵌、宽深	饰面砖接缝应平直、光滑,填嵌应连续、密实,宽度和深度应符合设计要求			
	5	滴水线	有排水要求的部位应做滴水线(槽),滴水线(槽)应顺直、流水坡向应正确,坡度应符合设计要求			

续表 13010

项次		检验项目	质量要求			检查记录	合格数	合格率(%)
一般项目	6	允许偏差(mm)	立面垂直度	外墙	3			
				内墙	2			
			表面平整度	外墙	4			
				内墙	3			
			阴阳角方正	外墙	3			
				内墙	3			
			接缝直线度	外墙	3			
				内墙	2			
			接缝高差	外墙	1			
				内墙	0.5			
			接缝宽度	外墙	1			
				内墙	1			

施工单位自评意见	主控项目检验点全部合格,一般项目逐项检验点的合格率均不小于_____%,且不合格点不集中分布,各项报验资料_____GB 50210—2018 的要求。 单元工程质量等级评定为:_____。 　　　　　　　　　　　　　　　　　　　　(签字,加盖公章)　　　年　月　日
监理机构复核意见	经复核,主控项目检验点全部合格,一般项目逐项检验点的合格率均不小于_____%,且不合格点不集中分布,各项报验资料_____GB 50210—2018 的要求。 单元工程质量等级评定为:_____。 　　　　　　　　　　　　　　　　　　　　(签字,加盖公章)　　　年　月　日

_____工程

表 13011　一般抹灰单元工程施工质量验收评定表

单位工程名称				单元工程量			
分部工程名称				施工单位			
单元工程名称、部位				施工日期	年　月　日至		年　月　日

项次		检验项目	质量要求		检查记录	合格数	合格率(%)
主控项目	1	基层表面	抹灰前基层表面的灰尘、污垢、油渍等应清除干净,并洒水湿润				
	2	材料品种及性能	所用材料的品种和性能应符合设计要求,水泥的凝结时间和安定性复检应合格,砂浆的配合比应符合设计要求				
	3	操作要求	抹灰工程应分层进行;当抹灰总厚度大于或等于 35 mm 时,应采取加强措施;不同材料基体交接处表面的抹灰,应采取防止开裂的加强措施,当采用加强网时,加强网与各基体的搭接长度不应小于 100 mm				
	4	层粘结及面层质量	抹灰层与基层之间及各抹灰层之间必须粘结牢固,抹灰层应无脱层、空鼓,面层应无爆灰和裂缝。				
一般项目	1	表面质量	普通抹灰	表面应光滑、洁净、接槎平整,分格缝应清晰			
			高级抹灰	表面应光滑、洁净、颜色均匀、无抹纹,平整,分格缝和灰线应清晰美观			
	2	细部质量	护角、孔洞、槽、盒周围抹灰表面应整齐、光滑;管道后面的抹灰表面应平整				
	3	层与层间材料要求、层总厚度	抹灰层的总厚度应符合设计要求;水泥砂浆不得抹在石灰砂浆层上,罩面石灰膏不得抹在水泥砂浆层上				
	4	分格缝	抹灰分格缝的设置应符合设计要求,宽度和深度应均匀,表面应光滑,棱角应整齐				

·754·

续表 13011

项次		检验项目	质量要求			检查记录	合格数	合格率(%)
一般项目	5	滴水线(槽)	有排水要求的部位应做滴水线(槽),滴水线(槽)应整齐顺直、滴水线应内高外低,滴水槽的宽度和深度均不应小于 10 mm					
	6	允许偏差(mm)	立面垂直度	普通抹灰	4			
				高级抹灰	3			
			表面平整度	普通抹灰	4			
				高级抹灰	3			
			阴阳角方正	普通抹灰	4			
				高级抹灰	3			
			分格条(缝)直线度	普通抹灰	4			
				高级抹灰	3			
			墙裙、勒脚上口直线度	普通抹灰	4			
				高级抹灰	3			
施工单位自评意见		主控项目检验点全部合格,一般项目逐项检验点的合格率均不小于_____%,且不合格点不集中分布,各项报验资料_____GB 50210-2018 的要求。 单元工程质量等级评定为:_____。 (签字,加盖公章)　　　年　月　日						
监理机构复核意见		经复核,主控项目检验点全部合格,一般项目逐项检验点的合格率均不小于_____%,且不合格点不集中分布,各项报验资料_____GB 50210—2018 的要求。 单元工程质量等级评定为:_____。 (签字,加盖公章)　　　年　月　日						

_____工程

表 13012　水性涂料涂饰单元工程施工质量验收评定表

单位工程名称					单元工程量			
分部工程名称					施工单位			
单元工程名称、部位					施工日期		年　月　日至	年　月　日
项次		检验项目		质量要求	检查记录		合格数	合格率(%)
主控项目	1	材料质量		水性涂料涂饰工程所用涂料的品种、型号和性能应符合设计要求				
	2	涂饰颜色与图案		水性涂料涂饰工程的颜色、图案应符合设计要求				
	3	涂饰综合质量		水性涂料涂饰工程应涂饰均匀、粘结牢固,不得漏涂、透底、起皮和掉粉				
	4	基层处理		新建筑物的混凝土在涂饰涂料前应涂刷抗碱封闭底漆;旧墙面在涂饰涂料前应清除疏松的旧装修层,并涂刷界面剂;混凝土或抹灰基层涂刷溶剂型涂料时,含水率不得大于8%;涂刷乳液型涂料时,含水率不得大于10%;木材基层的含水率不得大于12%;基层腻子应平整、坚实、牢固,无粉化、起皮和裂缝;内墙腻子的粘结强度应符合《建筑室内用腻子》(JC/T 3049)的规定。厨房、卫生间墙面必须使用内水腻子				
一般项目	1	与其他材料和设备衔接处		涂层与其他装修材料和设备衔接处应吻合,界面应清晰				
	2	薄涂料涂饰质量要求	颜色	普通涂饰	均匀一致			
				高级涂饰	均匀一致			
			泛碱、咬色	普通涂饰	允许少量轻微			
				高级涂饰	不允许			
			流坠、疙瘩	普通涂饰	允许轻微少量			
				高级涂饰	不允许			

_____工程

续表 13012

项次		检验项目		质量要求	检查记录	合格数	合格率(%)
一般项目	2	薄涂料涂饰质量要求	砂眼、刷纹	普通涂饰	允许少量轻微砂眼,刷纹通顺			
				高级涂饰	无砂眼、无刷纹			
			装饰线、分色线直线度允许偏差	普通涂饰	2 mm			
				高级涂饰	1 mm			
	3	厚涂料涂饰质量要求	颜色	普通涂饰	均匀一致			
				高级涂饰	均匀一致			
			泛碱、咬色	普通涂饰	允许少量轻微			
				高级涂饰	不允许			
			点状分布	普通涂饰	—			
				高级涂饰	疏密均匀			
	4	复层涂饰质量要求	颜色		均匀一致			
			泛碱、咬色		不允许			
			喷点疏密程度		均匀,不允许连片			

施工单位自评意见	主控项目检验点全部合格,一般项目逐项检验点的合格率均不小于_____%,且不合格点不集中分布,各项报验资料_____GB 50210—2018 的要求。 单元工程质量等级评定为:_____。 (签字,加盖公章)　　　年　月　日
监理机构复核意见	经复核,主控项目检验点全部合格,一般项目逐项检验点的合格率均不小于_____%,且不合格点不集中分布,各项报验资料_____GB 50210—2018 的要求。 单元工程质量等级评定为:_____。 (签字,加盖公章)　　　年　月　日

· 757 ·

表 13013　溶剂型涂料涂饰单元工程施工质量验收评定表

单位工程名称					单元工程量			
分部工程名称					施工单位			
单元工程名称、部位					施工日期	年　月　日至	年　月　日	

项次		检验项目	质量要求		检查记录	合格数	合格率(%)
主控项目	1	材料质量	溶剂型涂料涂饰工程所用涂料的品种、型号和性能应符合设计要求				
	2	颜色、光泽、图案	溶剂型涂料涂饰工程的颜色、光泽、图案应符合设计要求				
	3	涂饰综合质量	溶剂型涂料涂饰工程应涂饰均匀、粘结牢固,不得漏涂、透底、起皮和反绣				
	4	基层处理	新建筑物的混凝土在涂饰涂料前应涂刷抗碱封闭底漆;旧墙面在涂饰涂料前应清除疏松的旧装修层,并涂刷界面剂;混凝土或抹灰基层涂刷溶剂型涂料时,含水率不得大于8%;涂刷乳液型涂料时,含水率不得大于10%;木材基层的含水率不得大于12%。基层腻子应平整、坚实、牢固,无粉化、起皮和裂缝;内墙腻子的粘结强度应符合《建筑室内用腻子》(JC/T 3049)的规定;厨房、卫生间墙面必须使用内水腻子				
一般项目	1	与其他材料和设备衔接处	涂层与其他装修材料和设备衔接处应吻合,界面应清晰				
	2	色漆的质量要求	颜色	普通涂饰	均匀一致		
				高级涂饰	均匀一致		
			光泽、光滑	普通涂饰	光泽基本均匀、光滑无挡手感		
				高级涂饰	光泽均匀一致、光滑		
			刷纹	普通涂饰	刷纹通顺		
				高级涂饰	无刷纹		

续表 13013

项次		检验项目		质量要求		检查记录	合格数	合格率(%)
一般项目	2	色漆的质量要求	裹棱、流坠、皱皮	普通涂饰	明显处不允许			
				高级涂饰	不允许			
			装饰线、分色线直线度允许偏差	普通涂饰	2 mm			
				高级涂饰	1 mm			
	3	清漆涂饰质量要求	颜色	普通涂饰	基本一致			
				高级涂饰	均匀一致			
			木纹	普通涂饰	棕眼刮平、木纹清楚			
				高级涂饰	棕眼刮平、木纹清楚			
			光泽、光滑	普通涂饰	光泽基本均匀、光滑无挡手感			
				高级涂饰	光泽均匀一致、光滑			
			刷纹	普通涂饰	无刷纹			
				高级涂饰	无刷纹			
			裹棱、流坠、皱皮	普通涂饰	明显处不允许			
				高级涂饰	不允许			
施工单位自评意见		主控项目检验点全部合格,一般项目逐项检验点的合格率均不小于＿＿＿＿%,且不合格点不集中分布,各项报验资料＿＿＿＿GB 50210—2018 的要求。 单元工程质量等级评定为:＿＿＿＿＿＿＿＿。 （签字,加盖公章）　　年　月　日						
监理机构复核意见		经复核,主控项目检验点全部合格,一般项目逐项检验点的合格率均不小于＿＿＿＿%,且不合格点不集中分布,各项报验资料＿＿＿＿GB 50210—2018 的要求。 单元工程质量等级评定为:＿＿＿＿＿＿＿＿。 （签字,加盖公章）　　年　月　日						

_____工程

表 13014　美术涂饰单元工程施工质量验收评定表

单位工程名称				单元工程量		
分部工程名称				施工单位		
单元工程名称、部位				施工日期	年　月　日至　　年　月　日	
项次		检验项目	质量要求	检查记录	合格数	合格率(%)
主控项目	1	材料质量	美术涂饰所用涂料的品种、型号和性能应符合设计要求			
	2	涂饰综合质量	美术涂饰工程应涂饰均匀、粘结牢固,不得漏涂、透底、起皮和反绣			
	3	基层处理	新建筑物的混凝土在涂饰涂料前应涂刷抗碱封闭底漆;旧墙面在涂饰涂料前应清除疏松的旧装修层,并涂刷界面剂。混凝土或抹灰基层涂刷溶剂型涂料时,含水率不得大于8%;涂刷乳液型涂料时,含水率不得大于10%;木材基层的含水率不得大于12%;基层腻子应平整、坚实、牢固,无粉化、起皮和裂缝;内墙腻子的粘结强度应符合《建筑室内用腻子》(JC/T 3049)的规定;厨房、卫生间墙面必须使用内水腻子			
	4	套色、花纹、图案	美术涂饰的套色、花纹和图案应符合设计要求			
一般项目	1	表面质量	美术涂饰表面应洁净,不得有流坠现象			
	2	仿花纹理涂饰表面质量	仿花纹涂饰的饰面应具有被模仿材料的纹理			
	3	套色涂饰图案	套色涂饰的图案不得移位,纹理和轮廓应清晰			
施工单位自评意见	主控项目检验点全部合格,一般项目逐项检验点的合格率均不小于_____%,且不合格点不集中分布,各项报验资料_____GB 50210—2018的要求。 单元工程质量等级评定为:_____。 (签字,加盖公章)　　　年　月　日					
监理机构复核意见	经复核,主控项目检验点全部合格,一般项目逐项检验点的合格率均不小于_____%,且不合格点不集中分布,各项报验资料_____GB 50210-2018的要求。 单元工程质量等级评定为:_____。 (签字,加盖公章)　　　年　月　日					

_____工程

表 13015　钢结构单元工程施工质量验收评定表

单位工程名称		单元工程量	
分部工程名称		施工单位	
单元工程名称、部位		施工日期	年　月　日至　　年　月　日

项次	工序名称（或编号）	工序质量验收评定等级
1		
2		
3		
4		
5		
6		
7		
8		
9		
10		
施工单位自评意见	各工序施工质量全部合格，其中优良工序占_____%，且主要工序达到_____等级，各项报验资料_____GB 50205—2001 的要求。 　　单元工程质量等级评定为：_____。 　　　　　　　　　　　　　　　　　（签字，加盖公章）　　　年　月　日	
监理单位监理单位复核意见	经抽查并查验相关检验报告和检验资料，各工序施工质量全部合格，其中优良工序占_____%，且主要工序达到_____等级，各项报验资料_____GB 50205—2001 的要求。 　　单元工程质量等级评定为：_____。 　　　　　　　　　　　　　　　　　（签字，加盖公章）　　　年　月　日	

注：本表所填"单元工程量"不作为施工单位工程量结算计量的依据。

·761·

表13015.1 钢结构(钢构件焊接)工序施工质量验收评定表

单位工程名称				工序编号			
分部工程名称				施工单位			
单元工程名称、部位				施工日期	年 月 日至 年 月 日		
项次		检验项目	质量要求	检查记录		合格数	合格率(%)
主控项目	1	焊接材料进场	GB 50205—2001 第4.3.1条				
	2	焊接材料复验	GB 50205—2001 第4.3.2条				
	3	材料匹配	GB 50205—2001 第5.2.1条				
	4	焊工证书	GB 50205—2001 第5.2.2条				
	5	焊接工艺评定	GB 50205—2001 第5.2.3条				
	6	内部缺陷	GB 50205—2001 第5.2.4条				
	7	组合焊缝尺寸	GB 50205—2001 第5.2.5条				
	8	焊缝表面缺陷	GB 50205—2001 第5.2.6条				
一般项目	1	焊接材料进场	GB 50205—2001 第4.2.4条				
	2	预热和后热处理	GB 50205—2001 第5.2.7条				
	3	焊缝外观质量	GB 50205—2001 第5.2.8条				
	4	焊缝尺寸偏差	GB 50205—2001 第5.2.9条				
	5	凹形角焊缝	GB 50205—2001 第5.2.10条				
	6	焊缝感官	GB 50205—2001 第5.2.11条				
施工单位自评意见	主控项目检验点全部合格,一般项目逐项检验点的合格率均不小于_____%,且不合格点不集中分布,各项报验资料_____符合 GB 50205—2001 的要求。 单元工程质量等级评定为:_____。 (签字,加盖公章)　　　年 月 日						
监理机构复核意见	经复核,主控项目检验点全部合格,一般项目逐项检验点的合格率均不小于_____%,且不合格点不集中分布,各项报验资料_____GB 50205—2001 的要求。 单元工程质量等级评定为:_____。 (签字,加盖公章)　　　年 月 日						

_____工程

表 13015.2 钢结构(焊钉焊接)工序施工质量验收评定表

单位工程名称				工序编号			
分部工程名称				施工单位			
单元工程名称、部位				施工日期	年 月 日至	年 月 日	
项次		检验项目	质量要求	检查记录		合格数	合格率(%)
主控项目	1	焊接材料进场	GB 50205—2001 第 4.3.1 条				
	2	焊接材料复验	GB 50205—2001 第 4.3.2 条				
	3	焊接工艺评定	GB 50205—2001 第 5.3.1 条				
	4	焊后弯曲试验	GB 50205—2001 第 5.3.1 条				
一般项目	1	焊钉和瓷环尺寸	GB 50205—2001 第 4.3.3 条				
	2	焊缝外观质量	GB 50205—200 第 5.3.3 条				
施工单位自评意见		主控项目检验点全部合格,一般项目逐项检验点的合格率均不小于_____%,且不合格点不集中分布,各项报验资料_____GB 50205—2001 的要求。 单元工程质量等级评定为:_____。 (签字,加盖公章)　　　年 月 日					
监理机构复核意见		经复核,主控项目检验点全部合格,一般项目逐项检验点的合格率均不小于_____%,且不合格点不集中分布,各项报验资料_____GB 50205—2001 的要求。 单元工程质量等级评定为:_____。 (签字,加盖公章)　　　年 月 日					

表 13015.3 钢结构(普通紧固件链接)工序施工质量验收评定表

单位工程名称				工序编号				
分部工程名称				施工单位				
单元工程名称、部位				施工日期		年 月 日至		年 月 日
项次		检验项目	质量要求	检查记录			合格数	合格率(%)
主控项目	1	成品进场	GB 50205—2001 第 4.4.1 条					
	2	螺栓实物复验	GB 50205—2001 第 6.2.1 条					
	3	匹配及间距	GB 50205—2001 第 6.2.2 条					
一般项目	1	螺栓紧固	GB 50205—2001 第 6.2.3 条					
	2	外观质量	GB 50205—2001 第 6.2.4 条					
施工单位自评意见	主控项目检验点全部合格,一般项目逐项检验点的合格率均不小于_____%,且不合格点不集中分布,各项报验资料_____GB 50205—2001 的要求。 单元工程质量等级评定为:_____。 (签字,加盖公章)　　　　年 月 日						
监理机构复核意见	经复核,主控项目检验点全部合格,一般项目逐项检验点的合格率均不小于_____%,且不合格点不集中分布,各项报验资料_____GB 50205—2001 的要求。 单元工程质量等级评定为:_____。 (签字,加盖公章)　　　　年 月 日						

工程

表 13015.4 钢结构(高强度螺栓连接)工序施工质量验收评定表

单位工程名称				工序编号			
分部工程名称				施工单位			
单元工程名称、部位				施工日期		年 月 日至	年 月 日

项次		检验项目	质量要求	检查记录	合格数	合格率(%)
主控项目	1	成品进场	GB 50205—2001 第 4.4.1 条			
	2	扭矩系数或预拉力复验	GB 50205—2001 第 4.4.2 条或第 4.4.3 条			
	3	抗滑移系数试验	GB 50205—2001 第 6.3.1 条			
	4	终拧扭矩	GB 50205—2001 第 6.3.2 条或第 6.3.3 条			
一般项目	1	成品包装	GB 50205—2001 第 4.4.4 条			
	2	表面硬度试验	GB 50205—2001 第 4.4.5 条			
	3	初拧、复拧扭矩	GB 50205—2001 第 6.3.4 条			
	4	连接外观质量	GB 50205—2001 第 6.3.5 条			
	5	摩擦面外观	GB 50205—2001 第 6.3.6 条			
	6	扩孔	GB 50205—2001 第 6.3.7 条			
	7	网架螺栓紧固	GB 50205—2001 第 6.3.8 条			

施工单位自评意见	主控项目检验点全部合格,一般项目逐项检验点的合格率均不小于 _____ %,且不合格点不集中分布,各项报验资料 _____ GB 50205—2001 的要求。 单元工程质量等级评定为:_____。 (签字,加盖公章) 年 月 日
监理机构复核意见	经复核,主控项目检验点全部合格,一般项目逐项检验点的合格率均不小于 _____ %,且不合格点不集中分布,各项报验资料 _____ GB 50205—2001 的要求。 单元工程质量等级评定为:_____。 (签字,加盖公章) 年 月 日

_____工程

表 13015.5 钢结构(零件及部件加工)工序施工质量验收评定表

单位工程名称			工序编号		
分部工程名称			施工单位		
单元工程名称、部位			施工日期	年 月 日至	年 月 日

项次		检验项目	质量要求	检查记录	合格数	合格率(%)
主控项目	1	材料进场	GB 50205—2001 第 4.2.1 条			
	2	钢材复验	GB 50205—2001 第 4.2.2 条			
	3	切面质量	GB 50205—2001 第 7.2.1 条			
	4	矫正和成型	GB 50205—2001 第 7.3.1 条和第 7.3.2 条			
	5	边缘加工	GB 50205—2001 第 7.4.1 条			
	6	螺栓球、焊接球加工	GB 50205—2001 第 7.5.1 条和第 7.5.2 条			
	7	制孔	GB 50205—2001 第 7.6.1 条			
一般项目	1	材料规格尺寸	GB 50205—2001 第 4.2.3 条和第 4.2.4 条			
	2	钢材表面质量	GB 50205—2001 第 4.2.5 条			
	3	切割精度	GB 50205—2001 第 7.2.2 条和第 7.2.3 条			
	4	矫正质量	GB 50205—2001 第 7.3.3 条、第 7.3.4 条和 7.3.5 条			
	5	边缘加工精度	GB 50205—2001 第 7.4.2 条			
	6	螺栓球、焊接球加工精度	GB 50205—2001 第 7.5.3 条和 7.5.4 条			
	7	管件加工精度	GB 50205—2001 第 7.5.5 条			
	8	制孔精度	GB 50205—2001 第 7.6.2 条和第 7.6.3 条			

施工单位自评意见	主控项目检验点全部合格,一般项目逐项检验点的合格率均不小于_____%,且不合格点不集中分布,各项报验资料_____GB 50205—2001 的要求。 　　单元工程质量等级评定为:_____。 　　　　　　　　　　　　　　　　　　　　　　(签字,加盖公章)　　　　年 月 日
监理机构复核意见	经复核,主控项目检验点全部合格,一般项目逐项检验点的合格率均不小于_____%,且不合格点不集中分布,各项报验资料_____GB 50205—2001 的要求。 　　单元工程质量等级评定为:_____。 　　　　　　　　　　　　　　　　　　　　　　(签字,加盖公章)　　　　年 月 日

表 13015.6　钢结构(构件组装)工序施工质量验收评定表

单位工程名称				工序编号			
分部工程名称				施工单位			
单元工程名称、部位				施工日期	年　月　日至		年　月　日

项次		检验项目	质量要求	检查记录	合格数	合格率(%)
主控项目	1	吊车梁(桁架)	GB 50205—2001 第 8.3.1 条			
	2	端部铣平精度	GB 50205—2001 第 8.4.1 条			
	3	外形尺寸	GB 50205—2001 第 8.5.1 条			
一般项目	1	焊接 H 型钢接缝	GB 50205—2001 第 8.2.1 条			
	2	焊接 H 型钢精度	GB 50205—2001 第 8.2.2 条			
	3	焊接组装精度	GB 50205—2001 第 8.3.2 条			
	4	焊接顶触面	GB 50205—2001 第 8.3.3 条			
	5	抽线焦点错位	GB 50205—2001 第 8.3.4 条			
	6	焊缝坡口精度	GB 50205—2001 第 8.4.2 条			
	7	铣平面保护	GB 50205—2001 第 8.4.3 条			
	8	外形尺寸	GB 50205—2001 第 8.5.2 条			
施工单位自评意见		主控项目检验点全部合格,一般项目逐项检验点的合格率均不小于_____%,且不合格点不集中分布,各项报验资料_____GB 50205—2001 的要求。 　　单元工程质量等级评定为:_____。 　　　　　　　　　　　　　　　　　　(签字,加盖公章)　　　年　月　日					
监理机构复核意见		经复核,主控项目检验点全部合格,一般项目逐项检验点的合格率均不小于_____%,且不合格点不集中分布,各项报验资料_____GB 50205—2001 的要求。 　　单元工程质量等级评定为:_____。 　　　　　　　　　　　　　　　　　　(签字,加盖公章)　　　年　月　日					

_____工程

表 13015.7　钢结构(预拼装)工序施工质量验收评定表

单位工程名称			工序编号		
分部工程名称			施工单位		
单元工程名称、部位			施工日期	年　月　日至　年　月　日	

项次		检验项目	质量要求	检查记录	合格数	合格率(%)
主控项目	1	多层板叠螺栓孔	GB 50205—2001 第 9.2.1 条			
一般项目	1	预拼装精度	GB 50205—2001 第 9.2.2 条			

施工单位自评意见	主控项目检验点全部合格,一般项目逐项检验点的合格率均不小于_____%,且不合格点不集中分布,各项报验资料_____GB 50205—2001 的要求。 　　单元工程质量等级评定为:_____。 　　　　　　　　　　　　　　　　　　　　　(签字,加盖公章)　　　年　月　日
监理机构复核意见	经复核,主控项目检验点全部合格,一般项目逐项检验点的合格率均不小于_____%,且不合格点不集中分布,各项报验资料_____GB 50205—2001 的要求。 　　单元工程质量等级评定为:_____。 　　　　　　　　　　　　　　　　　　　　　(签字,加盖公章)　　　年　月　日

表 13015.8　钢结构(单层结构安装)工序施工质量验收评定表

单位工程名称				工序编号			
分部工程名称				施工单位			
单元工程名称、部位				施工日期	年　月　日至		年　月　日

项次		检验项目	质量要求	检查记录	合格数	合格率(%)
主控项目	1	基础验收	GB 50205—2001 第 10.2.1 条、第 10.2.2 条、第 10.2.3 条和第 10.2.4 条			
	2	构件验收	GB 50205—2001 第 10.3.1 条			
	3	顶紧接触面	GB 50205—2001 第 10.3.2 条			
	4	垂直度和侧弯度	GB 50205—2001 第 10.3.3 条			
	5	主体尺寸结构	GB 50205—2001 第 10.3.4 条			
一般项目	1	地脚螺栓精度	GB 50205—2001 第 10.2.5 条			
	2	标记	GB 50205—2001 第 10.3.5 条			
	3	桁架、梁安装精度	GB 50205—2001 第 10.3.6 条			
	4	钢柱安装精度	GB 50205—2001 第 10.3.7 条			
	5	吊车梁安装精度	GB 50205—2001 第 10.3.8 条			
	6	檩条等安装精度	GB 50205—2001 第 10.3.9 条			
	7	平台等安装精度	GB 50205—2001 第 10.3.10 条			
	8	现场组对精度	GB 50205—2001 第 10.3.11 条			
	9	结构表面	GB 50205—2001 第 10.3.12 条			

施工单位自评意见	主控项目检验点全部合格,一般项目逐项检验点的合格率均不小于_____%,且不合格点不集中分布,各项报验资料_____GB 50205—2001 的要求。 单元工程质量等级评定为:_____。 (签字,加盖公章)　　　　年　月　日
监理机构复核意见	经复核,主控项目检验点全部合格,一般项目逐项检验点的合格率均不小于_____%,且不合格点不集中分布,各项报验资料_____GB 50205—2001 的要求。 单元工程质量等级评定为:_____。 (签字,加盖公章)　　　　年　月　日

_____工程

表 13015.9　钢结构（多层及高层结构安装）工序施工质量验收评定表

单位工程名称			工序编号	
分部工程名称			施工单位	
单元工程名称、部位			施工日期	年 月 日至 年 月 日

项次		检验项目	质量要求	检查记录	合格数	合格率(%)
主控项目	1	基础验收	GB 50205—2001 第 11.2.1 条、第 11.2.2 条、第 11.2.3 条和第 11.2.4 条			
	2	构件验收	GB 50205—2001 第 11.3.1 条			
	3	钢柱安装精度	GB 50205—2001 第 11.3.2 条			
	4	顶紧接触面	GB 50205—2001 第 11.3.3 条			
	5	垂直度和侧弯度	GB 50205—2001 第 11.3.4 条			
	6	主体尺寸结构	GB 50205—2001 第 11.3.5 条			
一般项目	1	地脚螺栓精度	GB 50205—2001 第 11.2.5 条			
	2	标记	GB 50205—2001 第 11.3.7 条			
	3	构件安装精度	GB 50205—2001 第 11.3.8 条和 11.3.10 条			
	4	主体结构高度	GB 50205—2001 第 11.3.9 条			
	5	吊车梁安装精度	GB 50205—2001 第 11.3.11 条			
	6	檩条等安装精度	GB 50205—2001 第 11.3.12 条			
	7	平台等安装精度	GB 50205—2001 第 11.3.13 条			
	8	现场组对精度	GB 50205—2001 第 11.3.14 条			
	9	结构表面	GB 50205—2001 第 11.3.6 条			

施工单位自评意见	主控项目检验点全部合格，一般项目逐项检验点的合格率均不小于_____%，且不合格点不集中分布，各项报验资料_____GB 50205—2001 的要求。 　单元工程质量等级评定为：_____。 （签字，加盖公章）　　年　月　日
监理机构复核意见	经复核，主控项目检验点全部合格，一般项目逐项检验点的合格率均不小于_____%，且不合格点不集中分布，各项报验资料_____GB 50205—2001 的要求。 　单元工程质量等级评定为：_____。 （签字，加盖公章）　　年　月　日

_____工程

表 13015.10 钢结构(压型金属板)工序施工质量验收评定表

单位工程名称				工序编号			
分部工程名称				施工单位			
单元工程名称、部位				施工日期	年 月 日至		年 月 日

项次		检验项目	质量要求	检查记录	合格数	合格率(%)
主控项目	1	压型金属板进场	GB 50205—2001 第 4.8.1 条、第 4.8.2 条			
	2	基板裂纹	GB 50205—2001 第 13.2.1 条			
	3	涂层缺陷	GB 50205—2001 第 13.2.2 条			
	4	现场安装	GB 50205—2001 第 13.3.1 条			
	5	搭接	GB 50205—2001 第 13.3.2 条			
	6	端部锚固	GB 50205—2001 第 13.3.3 条			
一般项目	1	压型金属板精度	GB 50205—2001 第 4.8.3 条			
	2	轧制精度	GB 50205—2001 第 13.2.5 条、第 13.2.5 条			
	3	表面质量	GB 50205—2001 第 13.2.4 条			
	4	安装质量	GB 50205—2001 第 13.3.4 条			
	5	安装精度	GB 50205—2001 第 13.3.5 条			

施工单位自评意见	主控项目检验点全部合格,一般项目逐项检验点的合格率均不小于_____%,且不合格点不集中分布,各项报验资料_____GB 50205—2001 的要求。 单元工程质量等级评定为:_____。 (签字,加盖公章)　　　　年　月　日
监理机构复核意见	经复核,主控项目检验点全部合格,一般项目逐项检验点的合格率均不小于_____%,且不合格点不集中分布,各项报验资料_____GB 50205—2001 的要求。 单元工程质量等级评定为:_____。 (签字,加盖公章)　　　　年　月　日

表 13015.11 钢结构(网架结构安装)工序施工质量验收评定表

单位工程名称				工序编号			
分部工程名称				施工单位			
单元工程名称、部位				施工日期		年 月 日至	年 月 日
项次		检验项目	质量要求	检查记录		合格数	合格率(%)
主控项目	1	焊接球	GB 50205—2001 第 4.5.1 条、第 4.5.2 条、				
	2	螺栓球	GB 50205—2001 第 4.6.1 条、第 4.6.2 条				
	3	封板、锥头、套筒	GB 50205—2001 第 4.7.1 条、第 4.7.2 条				
	4	橡胶垫	GB 50205—2001 第 4.10.1 条				
	5	基础验收	GB 50205—2001 第 12.2.1 条、第 12.2.2 条				
	6	支座	GB 50205—2001 第 12.2.3 条、第 12.2.4 条				
	7	拼装精度	GB 50205—2001 第 12.3.1 条、第 12.3.2 条				
	8	节点承载力试验	GB 50205—2001 第 12.3.3 条				
	9	结构挠度	GB 50205—2001 第 12.3.4 条				
一般项目	1	焊接球精度	GB 50205—2001 第 4.5.3 条、第 4.5.4 条				
	2	螺栓球精度	GB 50205—2001 第 4.6.4 条				
	3	螺栓球螺纹精度	GB 50205—2001 第 4.6.3 条				
	4	锚栓精度	GB 50205—2001 第 12.2.5 条				
	5	结构表面	GB 50205—2001 第 12.3.5 条				
	6	安装精度	GB 50205—2001 第 12.3.6 条				
施工单位自评意见		主控项目检验点全部合格,一般项目逐项检验点的合格率均不小于_____%,且不合格点不集中分布,各项报验资料_____GB 50205—2001 的要求。 　　单元工程质量等级评定为:_____。 　　　　　　　　　　　　　　　　　　(签字,加盖公章)　　　　年 月 日					
监理机构复核意见		经复核,主控项目检验点全部合格,一般项目逐项检验点的合格率均不小于_____%,且不合格点不集中分布,各项报验资料_____GB 50205—2001 的要求。 　　单元工程质量等级评定为:_____。 　　　　　　　　　　　　　　　　　　(签字,加盖公章)　　　　年 月 日					

表 13015.12 钢结构(防腐涂料涂装)工序施工质量验收评定表

单位工程名称				工序编号			
分部工程名称				施工单位			
单元工程名称、部位				施工日期	年 月 日至		年 月 日
项次		检验项目	质量要求	检查记录		合格数	合格率(%)
主控项目	1	产品进场	GB 50205—2001 第 4.9.1 条				
	2	表面处理	GB 50205—2001 第 14.2.1 条				
	3	涂层厚度	GB 50205—2001 第 14.2.2 条				
一般项目	1	产品进场	GB 50205—2001 第 4.9.3 条				
	2	表面质量	GB 50205—2001 第 14.2.3 条				
	3	附着力测试	GB 50205—2001 第 14.2.4 条				
	4	标志	GB 50205—2001 第 14.2.5 条				
施工单位自评意见		主控项目检验点全部合格,一般项目逐项检验点的合格率均不小于_____%,且不合格点不集中分布,各项报验资料_____GB 50205—2001 的要求。 单元工程质量等级评定为:_____。 <div align=right>(签字,加盖公章)　　　年 月 日</div>					
监理机构复核意见		经复核,主控项目检验点全部合格,一般项目逐项检验点的合格率均不小于_____%,且不合格点不集中分布,各项报验资料_____GB 50205—2001 的要求。 单元工程质量等级评定为:_____。 <div align=right>(签字,加盖公章)　　　年 月 日</div>					

_____工程

表 13015.13 钢结构(防火涂料涂装)工序施工质量验收评定表

单位工程名称				单元工程量		
分部工程名称				施工单位		
单元工程名称、部位				施工日期	年 月 日至	年 月 日
项次	检验项目		质量要求	检查记录	合格数	合格率(%)
主控项目	1	产品进场	GB 50205—2001 第4.9.2 条			
	2	涂装基层试验	GB 50205—2001 第14.3.1 条			
	3	强度试验	GB 50205—2001 第14.3.2 条			
	4	涂层厚度	GB 50205—2001 第14.3.3 条			
	5	表面裂纹	GB 50205—2001 第14.3.4 条			
一般项目	1	产品进场	GB 50205—2001 第4.9.3 条			
	2	基层表面	GB 50205—2001 第14.3.5 条			
	3	涂层表面质量	GB 50205—2001 第14.3.6 条			

施工单位自评意见	主控项目检验点全部合格,一般项目逐项检验点的合格率均不小于_____%,且不合格点不集中分布,各项报验资料_____GB 50205—2001 的要求。
	
	    单元工程质量等级评定为:_____。
	
	                                        (签字,加盖公章) 年 月 日					

监理机构复核意见	经复核,主控项目检验点全部合格,一般项目逐项检验点的合格率均不小于_____%,且不合格点不集中分布,各项报验资料_____GB 50205—2001 的要求。
	
	    单元工程质量等级评定为:_____。
	
	                                        (签字,加盖公章) 年 月 日					

_____工程

表 13016　碎石垫层和碎砖垫层单元工程施工质量验收评定表

单位工程名称				单元工程量			
分部工程名称				施工单位			
单元工程名称、部位				施工日期	年　月　日至		年　月　日

项次		检验项目	质量要求	检查记录	合格数	合格率(%)
主控项目	1	材料质量	碎石的强度应均匀,最大粒径不应大于垫层厚度的 2/3,碎砖不应采用风华、酥松、夹有有机杂质的砖料,颗粒粒径不应大于 60 mm			
	2	垫层密实度	符合设计要求			
一般项目	1	允许偏差 表面平整度	15 mm			
	2	标高	±20 mm			
	3	坡度	不大于房间相应尺寸的 2/1 000,且不大于 30 mm			
	4	厚度	个别地方不大于设计厚度的 1/10,且不大于 20 mm			

施工单位自评意见	主控项目检验点全部合格,一般项目逐项检验点的合格率均不小于_____%,且不合格点不集中分布,各项报验资料_____GB 50209—2010 的要求。 　　单元工程质量等级评定为:_____。 　　　　　　　　　　　　　　　　　　　　　　　　(签字,加盖公章)　　　　年　月　日
监理机构复核意见	经复核,主控项目检验点全部合格,一般项目逐项检验点的合格率均不小于_____%,且不合格点不集中分布,各项报验资料_____GB 50209—2010 的要求。 　　单元工程质量等级评定为:_____。 　　　　　　　　　　　　　　　　　　　　　　　　(签字,加盖公章)　　　　年　月　日

_____工程

表 13017　水泥混凝土垫层单元工程施工质量验收评定表

单位工程名称				单元工程量			
分部工程名称				施工单位			
单元工程名称、部位				施工日期	年　月　日至　　年　月　日		
项次		检验项目	质量要求	检查记录		合格数	合格率(%)
主控项目	1	材料质量	水泥混凝土垫层采用的粗骨料最大粒径不应大于垫层厚度的2/3,含泥量不应大于3%;砂为中粗砂,其含泥量不应大于3%				
	2	混凝土强度等级	符合设计要求				
一般项目	1	允许偏差 表面平整度	10 mm				
	2	标高	±10 mm				
	3	坡度	不大于房间相应尺寸的2/1 000,且不大于30 mm				
	4	厚度	个别地方不大于设计厚度的1/10,且不大于20 mm				
施工单位自评意见	主控项目检验点全部合格,一般项目逐项检验点的合格率均不小于_____%,且不合格点不集中分布,各项报验资料_____GB 50209—2010 的要求。 单元工程质量等级评定为:_____。 　　　　　　　　　　　　　　　　　　　　　　　　(签字,加盖公章)　　　　年　月　日						
监理机构复核意见	经复核,主控项目检验点全部合格,一般项目逐项检验点的合格率均不小于_____%,且不合格点不集中分布,各项报验资料_____GB 50209—2010 的要求。 单元工程质量等级评定为:_____。 　　　　　　　　　　　　　　　　　　　　　　　　(签字,加盖公章)　　　　年　月　日						

表 13018 地面(水泥混凝土面层)单元工程施工质量验收评定表

单位工程名称				单元工程量			
分部工程名称				施工单位			
单元工程名称、部位				施工日期	年 月 日至		年 月 日

项次		检验项目	质量要求	检查记录	合格数	合格率(%)
主控项目	1	骨料粒径	水泥混凝土采用的粗骨料最大粒径不应大于面层厚度的2/3,细石混凝土采用的石子粒径不应大于16 mm			
	2	外加剂性能	防水水泥混凝土中掺入的外加剂的技术性能应符合国家现行有关标准的规定,外加剂的品种和掺量应经试验确定			
	3	混凝土强度等级	面层的强度等级应符合设计要求,且强度等级不应小于 C20			
	4	面层与下一层结合	面层与下一层应结合牢固,且应无空鼓和开裂。当出现空鼓时,空鼓面积不应大于 400 cm²,且每自然间或标准间不应多余 2 处			
一般项目	1	面层表面质量	面层表面应整洁,不应有裂纹、脱皮、麻面、起砂等缺陷			
	2	面层表面坡度	面层表面的坡度应符合设计要求,不应有倒泛水和积水现象			

_____工程

续表 13018

项次		检验项目		质量要求	检查记录	合格数	合格率(%)
一般项目	3	踢脚线质量		踢脚线与柱、墙面应紧密结合,踢脚线高度和出柱、墙厚度应符合设计要求且均匀一致;当出现空鼓时,局部空鼓长度不应大于300 mm,且每自然间或标准间不应多于2处			
	4	楼梯、台阶踏步		楼梯、台阶踏步的宽度、高度应符合设计要求;楼梯梯段相邻踏步高度差不应大于10 mm;每踏步两端宽度差不应大于10 mm,旋转楼梯梯段的每踏步两端宽度的允许偏差不应大于5 mm;踏步面层应做防滑处理,齿角应整齐,防滑条应顺直,牢固。			
	5	表面允许偏差	表面平整度	5 mm			
	6		踢脚线上口平直	4 mm			
	7		缝格顺直	3 mm			

施工单位自评意见	主控项目检验点全部合格,一般项目逐项检验点的合格率均不小于_____%,且不合格点不集中分布,各项报验资料_____GB 50209—2010 的要求。 单元工程质量等级评定为:_____。 （签字,加盖公章）　　　年　月　日
监理机构复核意见	经复核,主控项目检验点全部合格,一般项目逐项检验点的合格率均不小于_____%,且不合格点不集中分布,各项报验资料_____GB 50209—2010 的要求。 单元工程质量等级评定为:_____。 （签字,加盖公章）　　　年　月　日

_____工程

表 13019　地面(砖面层)单元工程施工质量验收评定表

单位工程名称				单元工程量		
分部工程名称				施工单位		
单元工程名称、部位				施工日期	年　月　日至	年　月　日

项次		检验项目	质量要求	检查记录	合格数	合格率(%)
主控项目	1	板块产品质量	砖面层所用板块产品符合设计要求和国家现行有关标准的规定			
	2	板块产品入场	砖面层所用板块产品进入施工现场时,应有放射性限量合格的检测报告			
	3	面层与下一层结合	面层与下一层结合(黏结)应牢固,无空鼓(单块砖边允许有局部空鼓,但每自然间或标准间的空鼓砖不应超过总数的5%)			
一般项目	1	面层表面质量	砖面层表面应洁净、图案清晰,色泽应一致,周边应顺直;板块应无裂纹、掉角和缺楞等缺陷			
	2	邻接处镶边用料及尺寸	面层邻接处的镶边用料及尺寸应符合设计要求,边角应整齐、光滑			
	3	踢脚线质量	脚踢线表面应洁净,与柱、墙面的结合应牢固;踢脚线高度及出柱、墙厚度应符合设计要求,且均匀一致			
	4	楼梯、台阶踏步	楼梯、台阶踏步的宽度、高度应符合设计要求,踏步板块的缝隙宽度应一致;楼层梯段相邻踏步高度差不应大于10 mm;每踏步两端宽度差不应大于10 mm,旋转楼梯梯段的每踏步两端宽度的允许偏差不应大于5 mm。踏步面层应做防滑处理,齿角应整齐,防滑条应顺直、牢固			

_____工程

续表 13019

项次		检验项目		质量要求	检查记录	合格数	合格率(%)
一般项目	5	面层表面坡度		面层表面的坡度应符合设计要求,不倒泛水、无积水;与地漏、管道结合处应严密牢固,无渗漏			
	6	允许偏差	表面平整度	陶瓷锦砖 2.0 mm			
				缸砖 4.0 mm			
				陶瓷地砖 2.0 mm			
				水泥花砖 3.0 mm			
	7		缝格平直	3.0mm			
	8		接缝高低差	陶瓷锦砖 0.5 mm			
				缸砖 1.5 mm			
				陶瓷地砖 0.5 mm			
				水泥花砖 0.5 mm			
	9		踢脚线上口平直	陶瓷锦砖 3.0 mm			
				缸砖 4.0 mm			
				陶瓷地砖 3.0 mm			
				水泥花砖 —			
	10		板块间隙宽度	2.0 mm			
施工单位自评意见				主控项目检验点全部合格,一般项目逐项检验点的合格率均不小于_____%,且不合格点不集中分布,各项报验资料_____GB 50209—2010 的要求。 单元工程质量等级评定为:_____。 (签字,加盖公章)　　　年　月　日			
监理机构复核意见				经复核,主控项目检验点全部合格,一般项目逐项检验点的合格率均不小于_____%,且不合格点不集中分布,各项报验资料_____GB 50209—2010 的要求。 单元工程质量等级评定为:_____。 (签字,加盖公章)　　　年　月　日			

_____工程

表 13020 地面(活动地板面层)单元工程施工质量验收评定表

单位工程名称				单元工程量		
分部工程名称				施工单位		
单元工程名称、部位				施工日期	年 月 日至	年 月 日

项次		检验项目	质量要求	检查记录	合格数	合格率(%)
主控项目	1	活动地板质量要求	活动地板应符合设计要求和国家现行有关标准的规定,且应具有耐磨、防潮、阻燃、耐污染、耐老化和导静电等性能			
	2	活动地板安装要求	活动地板面层应安装牢固,无裂纹、掉角和缺棱等缺陷			
一般项目	1	面层表面质量	面层应排列整齐、表面洁净、色泽一致、接缝均匀、周边顺直			
	2	允许偏差 表面平整度	2.0 mm			
	3	缝格平直	2.5 mm			
	4	接缝高低差	0.4 mm			
	5	板块间隙宽度	0.3 mm			

施工单位自评意见	主控项目检验点全部合格,一般项目逐项检验点的合格率均不小于_____%,且不合格点不集中分布,各项报验资料_____GB 50209—2010 的要求。 单元工程质量等级评定为:_____。 (签字,加盖公章)　　　年 月 日
监理机构复核意见	经复核,主控项目检验点全部合格,一般项目逐项检验点的合格率均不小于_____%,且不合格点不集中分布,各项报验资料_____GB 50209—2010 的要求。 单元工程质量等级评定为:_____。 (签字,加盖公章)　　　年 月 日

_____工程

表 13021　地面(自流平面层)单元工程施工质量验收评定表

单位工程名称				单元工程量			
分部工程名称				施工单位			
单元工程名称、部位				施工日期	年　月　日至　年　月　日		
项次		检验项目	质量要求	检查记录		合格数	合格率(%)
主控项目	1	铺涂材料质量	自流平面层的铺涂材料应符合设计要求和国家现行有关标准的规定				
	2	涂料进场	自流平面层的涂料进入施工现场时,应有一下有害物质限量合格的检测报告: (1)水性涂料中的挥发性有机化合物(VOC)和游离甲醛; (2)溶剂型涂料中的苯、甲苯+二甲苯、挥发性有机化合物(VOC)和游离甲苯二异氰醛酯(TDI)				
	3	基层强度等级	不小于C20				
	4	各构造层之间粘结	各构造层之间应黏结牢固,层与层之间不应出现分离、空鼓现象				
	5	面层表面质量	表面不应有开裂、漏涂和倒泛水、积水等现象				
一般项目	1	面层施工	应分层施工、找平施工时不应留有抹痕				
	2	面层表面	表面应光洁,色泽均匀、一致,不应有气泡、泛砂等现象				
	3	允许偏差	表面平整度	2 mm			
	4		踢脚线上口平直	3 mm			
	5		缝格顺直	2 mm			
施工单位自评意见	主控项目检验点全部合格,一般项目逐项检验点的合格率均不小于_____%,且不合格点不集中分布,各项报验资料_____GB 50209—2010 的要求。 　　单元工程质量等级评定为:_____。 　　　　　　　　　　　　　　　　　　　　　(签字,加盖公章)　　　年　月　日						
监理机构复核意见	经复核,主控项目检验点全部合格,一般项目逐项检验点的合格率均不小于_____%,且不合格点不集中分布,各项报验资料_____GB 50209—2010 的要求。 　　单元工程质量等级评定为:_____。 　　　　　　　　　　　　　　　　　　　　　(签字,加盖公章)　　　年　月　日						

表 13022　护栏和扶手制作与安装单元工程施工质量验收评定表

单位工程名称			单元工程量			
分部工程名称			施工单位			
单元工程名称、部位			施工日期	年　月　日至		年　月　日
项次		检验项目	质量要求	检查记录	合格数	合格率(%)
主控项目	1	材料质量	符合设计要求			
	2	造型、尺寸	符合设计要求			
	3	预埋件及连接	护栏与扶手安装预埋件的数量、规格、位置以及护栏与预埋件的连接节点应符合设计要求			
	4	护栏高度、间距、位置与安装	护栏高度、栏杆间距、安装位置必须符合设计要求;护栏安装必须牢固			
	5	护栏玻璃	护栏玻璃应使用公称厚度不小于12mm 的钢化玻璃或钢化夹层玻璃。当护栏一侧距楼地面高度为 5m 及以上时,应使用钢化夹层玻璃			
一般项目	1	转角、接缝及表面质量	护栏和扶手转角弧度应符合设计要求,接缝应严密,表面应光滑,色泽应一致,不得有裂缝、翘曲及损坏			
	2	安装允许偏差 护栏垂直度	3 mm			
	3	护栏间距	3 mm			
	4	扶手直线度	4 mm			
	5	扶手高度	3 mm			
施工单位自评意见		主控项目检验点全部合格,一般项目逐项检验点的合格率均不小于_____%,且不合格点不集中分布,各项报验资料_____GB 50210—2018 的要求。 单元工程质量等级评定为:_____。 　　　　　　　　　　　　　　　　　(签字,加盖公章)　　　　年　月　日					
监理机构复核意见		经复核,主控项目检验点全部合格,一般项目逐项检验点的合格率均不小于_____%,且不合格点不集中分布,各项报验资料_____GB 50210—2018 的要求。 单元工程质量等级评定为:_____。 　　　　　　　　　　　　　　　　　(签字,加盖公章)　　　　年　月　日					

_____工程

表 13023 金属栏杆安装单元工程施工质量验收评定表

单位工程名称				单元工程量		
分部工程名称				施工单位		
单元工程名称、部位				施工日期	年　月　日至	年　月　日

项次		检验项目	质量要求	检查记录	合格数	合格率(%)
主控项目	1	材料的品种、质量、等级、规格、尺寸	必须符合设计要求和有关设计标准			
	2	金属栏杆安装	安装必须牢固、就位尺寸正确			
	3	允许偏差	栏杆柱纵、横向竖直度	±2 mm		
	4		相邻栏杆距离	±3 mm		
	5		栏杆顶柱面高差	±4 mm		
一般项目	1	允许偏差	栏杆平面偏位	±5 mm		
	2		相邻栏杆扶手高差	±4 mm		
	3		栏杆扶手平面偏位	±5 mm		

施工单位自评意见	主控项目检验点全部合格,一般项目逐项检验点的合格率均不小于_____%,且不合格点不集中分布,各项报验资料_____GB 50210—2018 的要求。 单元工程质量等级评定为:_____。 　　　　　　　　　　　　　　　　　　　　　(签字,加盖公章)　　　年　月　日
监理机构复核意见	经复核,主控项目检验点全部合格,一般项目逐项检验点的合格率均不小于_____%,且不合格点不集中分布,各项报验资料_____GB 50210—2018 的要求。 单元工程质量等级评定为:_____。 　　　　　　　　　　　　　　　　　　　　　(签字,加盖公章)　　　年　月　日

_____工程

表 13024 石材栏杆安装单元工程施工质量验收评定表

单位工程名称				单元工程量		
分部工程名称				施工单位		
单元工程名称、部位				施工日期	年 月 日至	年 月 日

项次		检验项目	质量要求	检查记录	合格数	合格率(%)
主控项目	1	石材规格、质量	符合设计要求			
	2	混凝土(砂浆)配比、强度	符合设计要求			
	3	铺浆(胶粘)砌筑质量	填浆饱满,铺浆密实,无空洞,坚固			
	4	预留孔口尺寸、位置	符合设计要求			
一般项目	1	允许偏差	轴线位置	±3.0 mm		
			立柱顶面标高或净高	±3.0 mm		
			立柱垂直度	±3.0 mm		
			石材接缝平整度	±1.0 mm		
			预留孔深度	−5.0 mm		

施工单位自评意见	主控项目检验点全部合格,一般项目逐项检验点的合格率均不小于_____%,且不合格点不集中分布,各项报验资料_____验收要求。 单元工程质量等级评定为:_____。 (签字,加盖公章)　　　年　月　日
监理机构复核意见	经复核,主控项目检验点全部合格,一般项目逐项检验点的合格率均不小于_____%,且不合格点不集中分布,各项报验资料_____验收要求。 单元工程质量等级评定为:_____。 (签字,加盖公章)　　　年　月　日

表 13025　钢爬梯制作与安装单元工程施工质量验收评定表

单位工程名称				单元工程量					
分部工程名称				施工单位					
单元工程名称、部位				施工日期	年　月　日至　年　月　日				
项次		检验项目	质量要求	检查记录			合格数		合格率(%)
主控项目	1	材料质量、规格、数量等	符合设计要求						
	2	造型、尺寸、安装位置	符合设计要求						
	3	预埋件数量、规格、位置和连接点	符合设计要求						
	4	平台、梁架	牢固,高度、间距、位置符合设计要求						
	5	梯踏步	宽一致,相邻高差不大于 1.0 mm						
一般项目	1	转角、接缝及表面质量	护栏和扶手转角弧度应符合设计要求,接缝应严密,表面应光滑,色泽应一致,不得有裂缝、翘曲及损坏						
	2	护栏垂直度	3 mm						
	3	护栏间距	3 mm						
	4	扶手直线度	4 mm						
	4	扶手高度	3 mm						

施工单位自评意见	主控项目检验点全部合格,一般项目逐项检验点的合格率均不小于_____%,且不合格点不集中分布,各项报验资料_____GB 50210—2018 的要求。 　　单元工程质量等级评定为:_____。 　　　　　　　　　　　　　　　　　　　　(签字,加盖公章)　　　年　月　日
监理机构复核意见	经复核,主控项目检验点全部合格,一般项目逐项检验点的合格率均不小于_____%,且不合格点不集中分布,各项报验资料_____GB 50210—2018 的要求。 　　单元工程质量等级评定为:_____。 　　　　　　　　　　　　　　　　　　　　(签字,加盖公章)　　　年　月　日

第 14 部分
水情、水文设施安装验收评定表

表 14001　浮子水位计安装单元工程安装质量验收评定表

表 14002　雷达式水位计安装单元工程安装质量验收评定表

表 14003　翻斗式雨量计安装单元工程安装质量验收评定表

表 14004　气泡水位计安装单元工程安装质量验收评定表

_____工程

表 14001　浮子水位计安装单元工程安装质量验收评定表

单位工程名称		单元工程量	
分部工程名称		安装单位	
单元工程名称、部位		评定日期	年　月　日

项次	项目	主控项目		一般项目	
		合格数	优良数	合格数	优良数
1	浮子水位计安装单元工程安装质量				

各项试验和试运转符合本标准和相关专业标准的规定	单元工程试运转质量 (见浮子水位计安装单元工程试运转质量检查表)

安装单位自评意见	各项试验和单元工程试运转行符合要求,各项报验资料符合规定。检验项目全部合格。检验项目优良标准率为_____,其中主控项目优良标准率为_____,单元工程安装质量验收评定等级为_____。 (签字,加盖公章)　　　年　月　日
监理单位意见	各项试验和单元工程试运转符合要求,各项报验资料符合规定。检验项目全部合格。检验项目优良标准率为_____,其中主控项目优良标准率为_____,单元工程安装质量验收评定等级为_____。 (签字,加盖公章)　　　年　月　日

表 14001.1　浮子水位计安装单元工程安装质量检查表

编号:_____

分部工程名称					单元工程名称				
安装部位					安装内容				
安装单位					开/完工日期				

项次		检验项目	允许偏差(mm) 合格	允许偏差(mm) 优良	实测值(mm)	合格数	优良数	质量标准等级
主控项目	1	仪器规格、性能	符合设计要求					
	2	仪器外观检查	无损伤,配件齐全					
一般项目	仪器安装 1	安装位置	浮子和平衡锤距测井壁的距离≥7.5 cm					
	仪器安装 2	仪器固定和水平校核	安装紧固,安装平台的水平度<3°					
	仪器安装 3	联接	悬索与浮子、平衡锤联接可靠					

检查意见:

　　主控项目共_____项,其中合格_____项,优良_____项,合格率_____,优良率_____。

　　一般项目共_____项,其中合格_____项,优良_____项,合格率_____,优良率_____。

检验人:	评定人:	监理工程师:
(签字)　　年　月　日	(签字)　　年　月　日	(签字)　　年　月　日

_____工程

表 14001.2　浮子水位计安装单元工程试运转质量检查表

编号：_____

分部工程名称		单元工程名称	
安装部位		安装内容	
安装单位		试运转日期	年 月 日

项次	检验项目	试运转要求	试运转情况	结果
1	试运行	试运行中检查仪器运行应正常，所测得水位与实际水位应一致，允许偶然偏差应≤±1 cm		
2	对水位	调整编码器的水位数值使之与需要的水位相符		
3	输出准确性	仪器水位显示、数传仪或储存器的水位值与实际水位值应一致，偶然偏差应≤±1 cm		
检查意见				

检验人：	评定人：	监理工程师：
（签字） 年 月 日	（签字） 年 月 日	（签字） 年 月 日

表 14002　雷达式水位计安装单元工程安装质量验收评定表

单位工程名称				单元工程量	
分部工程名称				安装单位	
单元工程名称、部位				评定日期	年　月　日

项次	项目	主控项目		一般项目	
		合格数	优良数	合格数	优良数
1	雷达式水位计安装单元工程安装质量				
	各项试验和试运转符合本标准和相关专业标准的规定			单元工程试运转质量 (见雷达式水位计安装单元工程试运转质量检查表)	

安装单位自评意见	各项试验和单元工程试运转行符合要求,各项报验资料符合规定。检验项目全部合格。检验项目优良标准率为_____,其中主控项目优良标准率为_____,单元工程安装质量验收评定等级为_____。 　　　　　　　　　　　　　　　　(签字,加盖公章)　　　年　月　日
监理单位意见	各项试验和单元工程试运转符合要求,各项报验资料符合规定。检验项目全部合格。检验项目优良标准率为_____,其中主控项目优良标准率为_____,单元工程安装质量验收评定等级为_____。 　　　　　　　　　　　　　　　　(签字,加盖公章)　　　年　月　日

_____工程

表 14002.1 雷达式水位计安装单元工程安装质量检查表

编号：_____

分部工程名称				单元工程名称		
安装部位				安装内容		
安装单位				开/完工日期		

项次		检验项目	允许偏差(mm)		实测值（mm）	合格数	优良数	质量标准等级
			合格	优良				
主控项目	1	设备规格、性能	符合设计要求					
	2	设备安装	水位计牢固安装在角钢支架上,支架能平稳地伸到水面,雷达波束可达最低水面,水位计接线正确、牢固、美观					
一般项目	1	外观检查	配备齐全,无损伤					

检查意见：

    主控项目共_____项,其中合格_____项,优良_____项,合格率_____,优良率_____。

    一般项目共_____项,其中合格_____项,优良_____项,合格率_____,优良率_____。

检验人：	评定人：	监理工程师：
（签字） 年 月 日	（签字） 年 月 日	（签字） 年 月 日

_____工程

表 14002.2　雷达式水位计安装单元工程试运转质量检查表

编号：_____

分部工程名称			单元工程名称		
安装部位			安装内容		
安装单位			试运转日期	年　月　日	
项次	检验项目	试运转要求	试运转情况		结果
1	试运行	连续试运行 3 天内,设备运行正常,能按要求定时测报,数据准确			
2	设备读数与人工读数对比	试验 3 次以上,误差在 3 mm 以内	设备读数：（1）（2）（3） 人工读数：		
3	分辨率	≤　　　mm			
4	定时测报	符合设定的要求			
检查意见					
检验人：		评定人：		监理工程师：	
（签字） 年　月　日		（签字） 年　月　日		（签字） 年　月　日	

_____工程

表 14003　翻斗式雨量计安装单元工程安装质量验收评定表

单位工程名称		单元工程量	
分部工程名称		安装单位	
单元工程名称、部位		评定日期	年　月　日

项次	项目	主控项目		一般项目	
		合格数	优良数	合格数	优良数
1	翻斗式雨量计安装单元工程安装质量				
	各项试验和试运转符合本标准和相关专业标准的规定			单元工程试运转质量 (见翻斗式雨量计安装单元工程试运转质量检查表)	

安装单位自评意见	各项试验和单元工程试运转行符合要求,各项报验资料符合规定。检验项目全部合格。检验项目优良标准率为_____,其中主控项目优良标准率为_____,单元工程安装质量验收评定等级为_____。 （签字,加盖公章）　　　年　月　日
监理单位意见	各项试验和单元工程试运转符合要求,各项报验资料符合规定。检验项目全部合格。检验项目优良标准率为_____,其中主控项目优良标准率为_____,单元工程安装质量验收评定等级为_____。 （签字,加盖公章）　　　年　月　日

_____工程

表 14003.1　翻斗式雨量计安装单元工程安装质量检查表

编号：_____

分部工程名称				单元工程名称	
安装部位				安装内容	
安装单位				开/完工日期	

项次		检验项目	允许偏差(mm)		实测值(mm)	合格数	优良数	质量标准等级
			合格	优良				
主控项目	1	仪器规格、性能	符合设计要求					
	2	仪器安装	安装程序符合制造厂要求,固定件固定可靠、转动件转动灵活					
	3	调整支架水平	水平泡中气泡的应居中心位置					
一般项目	1	仪器外观检查	仪器及配件齐全、完好无损伤					

检查意见：

　　主控项目共_____项,其中合格_____项,优良_____项,合格率_____,优良率_____。

　　一般项目共_____项,其中合格_____项,优良_____项,合格率_____,优良率_____。

检验人：	评定人：	监理工程师：
(签字) 年　月　日	(签字) 年　月　日	(签字) 年　月　日

表 14003.2 翻斗式雨量计安装单元工程试运转质量检查表

编号：_____

分部工程名称		单元工程名称		
安装部位		安装内容		
安装单位		试运转日期	年 月 日	
项次	检验项目	试运转要求	试运转情况	结果
1	模拟降水试验	用双速法检验仪器测量准确度应符合产品要求,误差应≤±4%		
2	检查输出信号	输出信号应正常、准确		
检查意见				

检验人： （签字） 年 月 日	评定人： （签字） 年 月 日	监理工程师： （签字） 年 月 日

_____工程

表 14004　气泡水位计安装单元工程安装质量验收评定表

单位工程名称				单元工程量		
分部工程名称				安装单位		
单元工程名称、部位				评定日期	年　月　日	

项次	项目	主控项目		一般项目	
		合格数	优良数	合格数	优良数
1	气泡水位计安装单元工程安装质量				
	各项试验和试运转符合本标准和相关专业标准的规定			单元工程试运转质量 (见气泡水位计安装单元工程试运转质量检查表)	

安装单位自评意见	各项试验和单元工程试运转行符合要求,各项报验资料符合规定。检验项目全部合格。检验项目优良标准率为_____,其中主控项目优良标准率为_____,单元工程安装质量验收评定等级为_____。 　　　　　　　　　　　　　　　　　(签字,加盖公章)　　　年　月　日
监理单位意见	各项试验和单元工程试运转符合要求,各项报验资料符合规定。检验项目全部合格。检验项目优良标准率为_____,其中主控项目优良标准率为_____,单元工程安装质量验收评定等级为_____。 　　　　　　　　　　　　　　　　　(签字,加盖公章)　　　年　月　日

_____工程

表 14004.1 气泡水位计安装单元工程安装质量检查表

编号：_____

分部工程名称				单元工程名称		
安装部位				安装内容		
安装单位				开/完工日期		

项次		检验项目	允许偏差(mm)		实测值 （mm）	合格数	优良数	质量标准 等级
			合格	优良				
主控项目	1	设备型号、规格及附件的数量、规格	符合合同要求					
	2	数据采集传输	功能正常					
一般项目	1	仪器安装	安装牢固;安装深度符合合同要求					
	2	太阳能电池板安装	正南偏西 15°、仰角 45°,允许偏差 ±5°;安装牢固,无遮挡					

检查意见：

主控项目共_____项,其中合格_____项,优良_____项,合格率_____,优良率_____。

一般项目共_____项,其中合格_____项,优良_____项,合格率_____,优良率_____。

检验人： （签字） 年 月 日	评定人： （签字） 年 月 日	监理工程师： （签字） 年 月 日

_____工程

表 14004.2　气泡水位计安装单元工程试运转质量检查表

编号：_____

分部工程名称			单元工程名称	
安装部位			安装内容	
安装单位			试运转日期	年　月　日
项次	检验项目	试运转要求	试运转情况	结果
1	试运行检验	各项指标符合合同要求		
检查意见				

检验人：	评定人：	监理工程师：
（签字） 年　月　日	（签字） 年　月　日	（签字） 年　月　日

第 15 部分

绿化工程验收评定表

表 15001　路侧绿化单元工程施工质量验收评定表

表 15002　草坪花卉栽植单元工程施工质量验收评定表

表 15003　苗木种植单元工程施工质量验收评定表

_____工程

表 15001 路侧绿化单元工程施工质量验收评定表

单位工程名称				单元工程量		
分部工程名称				施工单位		
单元工程名称、部位				施工日期	年 月 日至	年 月 日

项次		检验项目	质量标准	检查(测)记录或备查资料名称	合格数	合格率(%)
主控项目	1	基本要求	路侧绿化的行道树材料应符合设计要求,不能及时种植的树苗应进行假植;行道树的施工应按照设计文件所规定的施工方法与工艺进行,严格施工过程质量控制;边坡绿化不得破坏公路路基			
	2	苗木规格与数量	符合设计			
	3	苗木成活率(%)				
	4	草坪覆盖率(%)				
一般项目	1	外观鉴定	外侧绿化带连续缺株小于4棵;苗木没有明显的病虫害			
	2	种植穴规格(cm)	符合 CJJ 82 规定			
	3	土层厚度(cm)	符合 CJJ 82 规定			
	4	其他地被植物发芽率(%)				

施工单位自评意见	主控项目检验结果全部符合验收评定标准,一般项目逐项检验点的合格率_____%。 单元工程质量等级评定为:_____。 <div style="text-align:right">(签字,加盖公章)　　年 月 日</div>
监理机构复核评定意见	经抽检并查验相关检验报告和检验资料,主控项目检验结果全部符合验收评定标准,一般项目逐项检验点的合格率_____%。 单元工程质量等级评定为:_____。 <div style="text-align:right">(签字,加盖公章)　　年 月 日</div>

注:1.关键部位单元工程和重要隐蔽单元工程的施工质量验收评定应有设计、建设等单位的代表签字,具体要求应满足 SL 176 的规定。

　　2.本表所填"单元工程量"不作为施工单位工程量结算计量的依据。

　　3.依据 CJJ 82。

_____工程

表 15002　草坪花卉栽植单元工程施工质量验收评定表

单位工程名称			单元工程量		
分部工程名称			施工单位		
单元工程名称、编号			施工日期	年　月　日至　年　月　日	

项次		检验项目	质量标准	检查(测)记录或备查资料名称	合格数	合格率(%)
主控项目	1	种植品种及规格质量	品种及规格质量满足设计要求			
	2	存活率	≥95%			
一般项目	1	种植地形	种植地形、平整度、坡度满足设计要求			
	2	苗木运输及种植前修剪	苗木起土、运输及时栽植,种植前修剪满足设计要求			
	3	草坪种植质量	草坪种植均匀,种植密度、草快滚压灌水符合设计要求			
	4	花卉种植	花卉栽植数量满足设计要求,定点放样及植后浇灌满足规范要求			
	5	草坪植被质量	草坪无杂草,绿地整洁,植被覆盖率满足设计要求			

施工单位自评意见	主控项目检验结果全部符合验收评定标准,一般项目逐项检验点的合格率_____%。 单元工程质量等级评定为:_____。 (签字,加盖公章)　　　　年　月　日
监理机构复核评定意见	经抽检并查验相关检验报告和检验资料,主控项目检验结果全部符合验收评定标准,一般项目逐项检验点的合格率_____%。 单元工程质量等级评定为:_____。 (签字,加盖公章)　　　　年　月　日

注:1.关键部位单元工程和重要隐蔽单元工程的施工质量验收评定应有设计、建设等单位的代表签字,具体要求应满足 SL 176 的规定。

　　2.本表所填"单元工程量"不作为施工单位工程量结算计量的依据。

　　3.依据 CJJ 82。

· 804 ·

_____工程

表 15003 苗木种植单元工程施工质量验收评定表

单位工程名称				单元工程量		
分部工程名称				施工单位		
单元工程名称、部位				施工日期	年 月 日至	年 月 日

项次		检验项目	质量标准	检查(测)记录或备查资料名称	合格数	合格率（%）
主控项目	1	种植品种、规格	品种、规格符合设计要求			
	2	景点	造型美观			
	3	成活率	符合合同要求			
一般项目	1	苗木	苗壮健康、带原土球大小、装卸运输保护符合设计要求			
	2	植穴	植穴深宽和土质、土厚度符合设计要求			
	3	种植	植物种植符合设计要求,种后及时浇水			
	4	养护	定时浇水、施肥、除草、修剪、防病虫害			
	5	种植数量、间距	符合设计要求			

施工单位自评意见	主控项目检验结果全部符合验收评定标准,一般项目逐项检验点的合格率_____%。 单元工程质量等级评定为:_____。 （签字,加盖公章）　　　年 月 日
监理机构复核评定意见	经抽检并查验相关检验报告和检验资料,主控项目检验结果全部符合验收评定标准,一般项目逐项检验点的合格率_____%。 单元工程质量等级评定为:_____。 （签字,加盖公章）　　　年 月 日

注:1.关键部位单元工程和重要隐蔽单元工程的施工质量验收评定应有设计、建设等单位的代表签字,具体要求应满足 SL 176 的规定。

2.本表所填"单元工程量"不作为施工单位工程量结算计量的依据。

3.依据 CJJ 82。

第16部分
水土保持工程验收评定表

表 16001　项目划分表

表 16002　水平梯田工程单元工程质量评定表

表 16003　水平阶整地单元工程质量评定表

表 16004　水平沟整地单元工程质量评定表

表 16005　鱼鳞坑整地单元工程质量评定表

表 16006　大型果树坑整地单元工程质量评定表

表 16007　水土保持林(乔木林、灌木林、经济林)单元工程质量评定表

表 16008　果园单元工程质量评定表

表 16009　人工种草单元工程质量评定表

表 16010　封禁治理单元工程质量评定表

表 16011　等高埂(篱)单元工程质量评定表

表 16012　沟头防护单元工程质量评定表

表 16013　谷坊单元工程质量评定表

表 16014　塘(堰)坝单元工程质量评定表

表 16015　护岸单元工程质量评定表

表 16016　渠道单元工程质量评定表

表 16017　截(排)水沟单元工程质量评定表

表 16018　蓄水池单元工程质量评定表

表 16019　沉沙池单元工程质量评定表

表 16020　标准径流小区单元工程质量评定表

表 16021　水蚀控制站单元工程质量评定表

_____工程

表 16001　项目划分表

单位工程	分部工程	单元工程
基本农田	水平梯田	以设计每一个图斑为一个单元工程;每个单元工程面积在 5~10 hm²,面积大于 10 hm² 以上的可划分为两个及以上单元工程
	水浇地	同水平梯田
整地工程	同造林	同造林
造林	乔木林	以设计每一个图斑为一个单元工程;每个单元工程面积在 10~30 hm²,不足 10 hm² 的可单独作为一个单元工程,面积大于 30 hm² 以上的可划分为两个及以上单元工程
	灌木林	同乔木林
	经济林	同乔木林
	果园	以每一个果园作为一个单元工程,每个单元工程面积在 1~10 hm²,不足 1 hm² 的可单独作为一个单元工程,面积大于 10 hm² 的可划分为两个以上单元工程
种草	人工种草	同乔木林
封禁治理	以区域或片划分	同生态修复工程,按面积划分单元工程
老林整改	等高埂(篱)	以设计每一个图斑为一个单元工程;每个单元工程面积在 1~10 hm²,不足 1 hm² 的可作为一个单元工程,大于 10 hm² 的可划分为两个以上单元工程
小型水利水保工程	沟头防护	以每处沟头防护工程作为一个单元工程
	塘、堰坝	以每个塘堰作为一个单元工程
	谷坊	以每座谷坊作为一个单元工程
	拦沙坝	以每座拦沙坝作为一个单元工程
	护岸工程	按长度划分单元工程,每 30~50 m 划分为一个单元工程,不足 30 m 的可单独作为一个单元工程,大于 50 m 的可划分为两个及以上单元工程
	渠系工程	按长度划分单元工程,每 30~50 m 划分为一个单元工程,不足 30m 的可单独作为一个单元工程,大于 50 m 的可划分为两个及以上单元工程
坡面水系工程	截(排)水沟	按长度划分单元工程,每 50~100 m 划分为一个单元工程,不足 50 m 的可单独作为一个单元工程,大于 100 m 的可划分为两个及以上单元工程
	沉沙井	以每座沉沙池作为一个单元工程
	蓄水池	以每座蓄水池作为一个单元工程
观测设施	水蚀观测	以一个标准小区或每个类比小区作为一个单元工程,每个控制站作为一个单元工程

_____工程

表 16002 水平梯田工程单元工程质量评定表

单位工程名称					单元工程量			
分部工程名称					检验日期			年 月 日
单元工程名称、种类					评定日期			年 月 日
项次		项目名称	质量标准		检验结果			评定
检查项目	1	△梯田布局	田面水平、整齐,内排水沟平顺,按设计要求及时配套了沉沙设施、生产路等					
	2	梯田施工	石坎砌石外沿整齐,砌缝上下交错,稳定、无松动;清基、表土还原,田坎土中没有石砾、树根、草皮等杂物,坎面拍光					
	3	△田坎	土坎梯田埂坎密实、稳定,人从埂坎上来回走一遍,埂坎无坍塌、坎顶无陷坑、埂坎按设计配有植物措施					
	4	土壤	无不宜风化大的石块、石砾					
检测项目	1	田坎高度	允许偏差:设计高度±10%	总测点数		合格数	合格率(%)	
	2	田坎坡度	允许偏差:不大于设计坡度的5%	总测点数		合格数	合格率(%)	
	3	△田面平整度	纵向高差均小于5%,横向高差(向内小于5%、向外小于1%)	总测点数		合格数	合格率(%)	
施工单位自评意见			质量等级		监理单位核定意见或责任主体单位意见			核定质量等级
主要检查、检测项目全部符合质量标准。其他检查项目_____,其他检测项目合格率_____%								
施工单位名称					监理单位名称			
检查负责人					核定人			

· 810 ·

表 16003 水平阶整地单元工程质量评定表

单位工程名称				单元工程量			
分部工程名称				检验日期			年 月 日
单元工程名称 （图斑号）				评定日期			年 月 日
项次	项目名称		质量标准	检验结果			评定
检查项目	1	布局	阶面平整或有 3°~5° 反坡,按设计布设了排水等设施				
	2	阶坎	阶坎密实无坍塌或侵蚀沟				
	3	△土坎植物防护	按设计布设了植物防护措施				
检测项目	1	阶面宽	允许偏差:±15%	总测点数	合格数	合格率(%)	
	2	坎高	允许偏差:±10%	总测点数	合格数	合格率(%)	
	3	坎坡	允许偏差:0~+10%	总测点数	合格数	合格率(%)	
	4	△阶面平整度	允许偏差:纵向小于5%,横向向内小于5%、向外小于1%	总测点数	合格数	合格率(%)	
施工单位自评意见		质量等级		监理单位核定意见或责任主体单位意见		核定质量等级	
主要检查、检测项目全部符合质量标准。其他检查项目_____,其他检测项目合格率_____%							
施工单位名称				监理单位名称			
检查负责人				核定人			

_____工程

表 16004　水平沟整地单元工程质量评定表

单位工程名称				单元工程量		
分部工程名称				检验日期		年　月　日
单元工程名称 （图斑号）				评定日期		年　月　日
项次		项目名称	质量标准	检验结果		评定
检查 项目	1	结构	沟由半挖半填做成,结构符合设计要求			
	2	土埂	土埂密实无坍塌或侵蚀沟			
检测 项目	1	沟间距	允许偏差:±5%	总测点数	合格数	合格率(%)
	2	沟深	允许偏差:±10%	总测点数	合格数	合格率(%)
	3	△纵向高差	小于5%	总测点数	合格数	合格率(%)
施工单位自评意见			质量等级	监理单位核定意见或 责任主体单位意见		核定质量等级
主要检查、检测项目全部符合质量标准。其他检查项目_____,其他检测项目合格率_____%						
施工单位名称				监理单位名称		
检查负责人				核定人		

表 16005 鱼鳞坑整地单元工程质量评定表

单位工程名称				单元工程量			
分部工程名称				检验日期			年　月　日
单元工程名称 （图斑号）				评定日期			年　月　日
项次		项目名称	质量标准	检验结果			评定
检查项目	1	工程布设	各坑沿等高线布设,上下两排坑口呈"品"字形错开排列。				
	2	△弧状土埂	土埂密实、无坍塌或穿洞				
检测项目	1	坑穴密度	允许偏差:±5%	总测点数	合格数	合格率(%)	
	2	穴径、深	允许偏差:±10%	总测点数	合格数	合格率(%)	
	3	△弧状土埂顶面平整度	允许偏差:±5%	总测点数	合格数	合格率(%)	
	4	土埂坎坡	小于10%	总测点数	合格数	合格率(%)	
施工单位自评意见			质量等级	监理单位核定意见或责任主体单位意见			核定质量等级
主要检查、检测项目全部符合质量标准。其他检查项目_____,其他检测项目合格率_____%							
施工单位名称				监理单位名称			
检查负责人				核定人			

_____工程

表 16006 大型果树坑整地单元工程质量评定表

单位工程名称			单元工程量		
分部工程名称			检验日期		年 月 日
单元工程名称 (图斑号)			评定日期		年 月 日

项次		项目名称	质量标准	检验结果			评定
检查项目	1	工程布设	各坑基本上等高线布设,行距和坑距符合设计要求				
	2	△弧状土埂	坑内砾石得到清除,表土得到回填				
	1	开挖尺寸	允许偏差:±10%	总测点数	合格数	合格率(%)	
	2	坑穴密度	允许偏差:±5%	总测点数	合格数	合格率(%)	

施工单位自评意见	质量等级	监理单位核定意见或责任主体单位意见	核定质量等级
主要检查、检测项目全部符合质量标准。其他检查项目_____,其他检测项目合格率_____%			
施工单位名称		监理单位名称	
检查负责人		核定人	

_____工程

表 16007　水土保持林(乔木林、灌木林、经济林)单元工程质量评定表

单位工程名称			单元工程量		
分部工程名称			检验日期		年　　月　　日
单元工程名称 (图斑号)			评定日期		年　　月　　日

项次		项目名称	质量标准	检验结果			评定
检查 项目	1	△苗木	根系完整、基径粗壮、顶芽饱满、无机械损伤、无病虫害				
	2	栽植	底肥施足、苗正、土踏实、无露根现象				
	3	籽播植苗	翻土深度达到设计要求,出苗均匀,无"断垄"、"缺棵"现象				
检测 项目	1	△成活率	允许偏差:不小于85%	总测点数	合格数	合格率(%)	
	2	株间距造林密度	允许偏差:灌木林±10%,乔木林±5%,经济林±3%	总测点数	合格数	合格率(%)	
	3	混交林配比	允许偏差:±5%	总测点数	合格数	合格率(%)	

施工单位自评意见	质量等级	监理单位核定意见或 责任主体单位意见	核定质量等级
主要检查、检测项目全部符合质量标准。其他检查项目_____,其他检测项目合格率_____%			
施工单位名称		监理单位名称	
检查负责人		核定人	

表 16008　果园单元工程质量评定表

单位工程名称				单元工程量			
分部工程名称				检验日期			年　月　日
单元工程名称				评定日期			年　月　日
项次		项目名称	质量标准	检验结果			评定
检查项目	1	△苗木	苗木根系完整、基径粗壮、顶芽饱满、无机械损伤、无病虫害				
	2	栽植	栽正、踩实、不露根;按设计施工的四周蓄水保土埂符合设计要求,埂内平整				
	3	灌溉设施	无破损、跑水、漏水现象,排灌设施的布设、规格符合设计要求				
	4	生产路	道路布设、规格符合设计要求,路面平整坚实,有排水沟				
	5	田间排水沟	排水沟平顺				
检测项目	1	△成活率	苗木栽植成活率不小于90%	总测点数	合格数	合格率(%)	
	2	栽植密度和纯正度	允许偏差:±2%	总测点数	合格数	合格率(%)	
	3	灌溉设施	允许偏差:5%	总测点数	合格数	合格率(%)	
施工单位自评意见			质量等级	监理单位核定意见或责任主体单位意见			核定质量等级
主要检查、检测项目全部符合质量标准。其他检查项目_____,其他检测项目合格率_____%							
施工单位名称				监理单位名称			
检查负责人				核定人			

_____工程

表 16009　人工种草单元工程质量评定表

单位工程名称				单元工程量			
分部工程名称				检验日期			年　月　日
单元工程名称 （图斑号）				评定日期			年　月　日
项次		项目名称	质量标准	检验结果			评定
检查项目	1	种子	籽粒饱满、无杂质				
	2	整地	表层土壤粑松、无较大石块和石砾				
	3	播种	播种草种与播种密度符合设计要求;播种深度适宜,散播均与,播后压实、不露籽				
检测项目	1	成苗数	允许偏差:不小于 30 株/m² 或设计的±5%	总测点数	合格数	合格率(%)	
	2	△盖度	允许偏差:不小于80%或设计的±5%	总测点数	合格数	合格率(%)	
施工单位自评意见			质量等级	监理单位核定意见或责任主体单位意见			核定质量等级
主要检查、检测项目全部符合质量标准。其他检查项目_____,其他检测项目合格率_____%							
施工单位名称				监理单位名称			
检查负责人				核定人			

_____工程

表 16010　封禁治理单元工程质量评定表

单位工程名称			单元工程量		
分部工程名称			检验日期		年　月　日
单元工程名称(图斑号)			评定日期		年　月　日

项次		项目名称	质量标准	检验结果	评定
检查项目	1	围栏	规格符合设计要求,埋置时要绷紧、埋实		
	2	标志	封禁区应具有明确的封禁标志,界限明显		
	3	抚育	封禁区应进行补植、修枝、疏伐、病虫害防治等措施		
	4	制度	应具有配套的法规制度及乡规民约		
	5	封禁方式	符合设计要求		
	6	△管护	落实管护人员,无明显的人为和牲畜破坏植被现象		

施工单位自评意见	质量等级	监理单位核定意见或责任主体单位意见	核定质量等级
主要检查、检测项目全部符合质量标准。其他检查项目_____,其他检测项目合格率_____%			
施工单位名称		监理单位名称	
检查负责人		核定人	

_____工程

表 16011　等高埂(篱)单元工程质量评定表

单位工程名称			单元工程量			
分部工程名称			检验日期			年　月　日
单元工程名称、种类			评定日期			年　月　日
项次	项目名称	质量标准	检验结果			评定
检查项目	1　总体布设	沿等高线修筑,埂(篱)整齐,有按设计布设的截排水系统				
	2　石埂基础开挖	浮土、树根及强风化层全部清除				
	3　△埂(篱)体结构	结实牢固,稳定、无松动;材料、规格符合设计要求;土埂压实,有按设计布设的植物防护措施				
	4　植物篱体	植物品种、栽植方式符合设计要求				
检测项目	1　等高埂砌体高、顶宽	允许偏差:±10%	总测点数	合格数	合格率(%)	
	2　△等高埂(篱)水平度	允许偏差:±5%	总测点数	合格数	合格率(%)	
	3　等高土埂密实度	不小于设计参数或达到规范要求	总测点数	合格数	合格率(%)	
	4　等高植物篱栽植密度	允许偏差:±5%	总测点数	合格数	合格率(%)	
	5　△等高植物篱成活率	不小于90%	总测点数	合格数	合格率(%)	
施工单位自评意见		质量等级	监理单位核定意见或责任主体单位意见		核定质量等级	
主要检查、检测项目全部符合质量标准。其他检查项目_____,其他检测项目合格率_____%						
施工单位名称			监理单位名称			
检查负责人			核定人			

_____工程

表 16012 沟头防护单元工程质量评定表

单位工程名称				单元工程量			
分部工程名称				检验日期			年　月　日
单元工程名称、种类				评定日期			年　月　日
项次		项目名称	质量标准	检验结果			评定
检查项目	1	工程布设	工程位置恰当、配套设施齐全				
	2	△工程结构	符合设计要求,挑流槽等构件与沟头地面的各个结合部牢固,木质材料要作防腐处理				
	3	外观质量	整齐、结实、无坍塌和损害现象				
检测项目	1	围埝断面尺寸	允许偏差:埝高、顶宽以及内、外坡比为设计尺寸的±10%	总测点数	合格数	合格率(%)	
	2	△围埝密实度	不小于设计参数或达到规范要求	总测点数	合格数	合格率(%)	
	3	排水设施各部尺寸	允许偏差:±5%	总测点数	合格数	合格率(%)	
施工单位自评意见		质量等级		监理单位核定意见或责任主体单位意见		核定质量等级	
主要检查、检测项目全部符合质量标准。其他检查项目_____,其他检测项目合格率_____%							
施工单位名称				监理单位名称			
检查负责人				核定人			

_____工程

表 16013　谷坊单元工程质量评定表

单位工程名称			单元工程量			
分部工程名称			检验日期			年　月　日
单元工程名称、种类			评定日期			年　月　日
项次	项目名称	质量标准	检验结果			评定
检查项目	1　工程布设	符合设计要求				
	2　清基于结合槽	浮土、杂物及强风化层全部清除,结合槽开挖达设计要求				
	3　△坝体	材料选择费和设计要求,坝体与岸坡结合紧密,溢洪道(口)按设计布设。土谷坊坝体坚实;石谷坊衬砌要做到"平、稳、紧、满";柳谷坊插杆稳固,柳梢编排平顺密实,捆绑牢固				
	4　外观质量	土谷坊表面平整,外观密实无裂缝				
		石谷坊顶部平整,砂浆灌满无空洞				
		柳谷坊柳梢编排平顺密实				
检测项目	1　△土谷坊压实指标	符合设计要求,允许偏差:不小于设计参数或规范要求	总测点数	合格数	合格率(%)	
	2　谷坊外型尺寸	允许偏差:最大高、顶宽±5%;上下游坡比0~+5%	总测点数	合格数	合格率(%)	
	3　溢洪道(口)尺寸	允许偏差:±5%	总测点数	合格数	合格率(%)	
施工单位自评意见		质量等级	监理单位核定意见或责任主体单位意见		核定质量等级	
主要检查、检测项目全部符合质量标准。其他检查项目_____,其他检测项目合格率_____%						
施工单位名称			监理单位名称			
检查负责人			核定人			

表 16014 塘(堰)坝单元工程质量评定表

单位工程名称			单元工程量			
分部工程名称			检验日期			年 月 日
单元工程名称、种类			评定日期			年 月 日
项次	项目名称	质量标准	检验结果			评定
检查项目	1 工程布设					
	2 清基与结合槽					
	3 △坝体	坝体与岸坡结合紧密。塘坝"两大件"完整,坝体土料填筑密实,蓄水后无渗漏;堰坝衬砌要做到"平、稳、紧、满";溢洪道、泄水洞等石方建筑物,料石、块石的规格、质量符合标准,胶合材料性能良好、砌石牢固整齐				
	4 外观质量	塘坝表面平整,无冻块裂缝,线直面平有防护措施,无侵蚀沟				
		堰坝表面平整无裂缝				
检测项目	1 △均质土坝压实指标	允许偏差:±10%	总测点数	合格数	合格率(%)	
	2 坝体外型尺寸	允许偏差:±5%	总测点数	合格数	合格率(%)	
	3 配套构件结构尺寸		总测点数	合格数	合格率(%)	
	4 土坝轴线、溢洪道与涵洞中心线	允许偏差:±5%	总测点数	合格数	合格率(%)	
施工单位自评意见		质量等级	监理单位核定意见或责任主体单位意见			核定质量等级
主要检查、检测项目全部符合质量标准。其他检查项目_____,其他检测项目合格率_____%						
施工单位名称			监理单位名称			
检查负责人			核定人			

_____工程

表 16015　护岸单元工程质量评定表

单位工程名称				单元工程量			
分部工程名称				检验日期			年　月　日
单元工程名称、种类				评定日期			年　月　日

项次		项目名称	质量标准	检验结果			评定
检查项目	1	工程布设	符合设计要求				
	2	△清基与连接	浮土、杂物及强风化层全部清除,堤坝与河岸连接密实,符合设计要求				
	3	护坡与暗墙	砌体咬扣紧密,错缝竖砌,无通缝,砂浆勾缝密实;边坡度符合设计要求				
	4	外观质量	护坡坡面与墙体表面平整美观				
检测项目	1	△砌体厚度	允许偏差:干砌石±3 cm;浆砌石±2 cm	总测点数	合格数	合格率(%)	
	2	表面平整度	干砌石不大于 5 cm;浆砌石不大于 3 cm	总测点数	合格数	合格率(%)	

施工单位自评意见	质量等级	监理单位核定意见或责任主体单位意见	核定质量等级
主要检查、检测项目全部符合质量标准。其他检查项目_____,其他检测项目合格率_____%			
施工单位名称		监理单位名称	
检查负责人		核定人	

_____工程

表 16016　渠道单元工程质量评定表

单位工程名称			单元工程量			
分部工程名称			检验日期			年　月　日
单元工程名称、种类			评定日期			年　月　日
项次	项目名称	质量标准	检验结果			评定
检查项目	1 工程布设	渠道的布局走向符合设计要求				
	2 清基与结合槽	渠道的结构型式符合设计要求				
	3 △坝体	防渗结构和材料符合设计要求,无漏水现象				
	4 外观质量	土渠表面平整,无明显凹陷和侵蚀沟,有按设计布设的植被防护工程;石质和混凝土防渗渠表面平整,无明显裂缝				
检测项目	1 渠道结构尺寸	允许偏差:渠底宽度、深度±5%;土渠边坡系数±5%	总测点数	合格数	合格率(%)	
	2 土渠填方段渠身	允许偏差:土壤密实度不小于设计参数或达到规范要求;断面尺寸不小于设计参数的±5%	总测点数	合格数	合格率(%)	
	3 △防渗	防渗层最小厚度允许偏差:土料防渗不大于0~-5%	总测点数	合格数	合格率(%)	
	4 表面平整度	干砌石不大于5 cm、浆砌石不大于3 cm,土渠不大于1 cm	总测点数	合格数	合格率(%)	
施工单位自评意见		质量等级	监理单位核定意见或责任主体单位意见		核定质量等级	
主要检查、检测项目全部符合质量标准。其他检查项目_____,其他检测项目合格率 _____%						
施工单位名称			监理单位名称			
检查负责人			核定人			

表 16017 截(排)水沟单元工程质量评定表

单位工程名称				单元工程量			
分部工程名称				检验日期		年 月	日
单元工程名称、种类				评定日期		年 月	日
项次		项目名称	质量标准	检验结果			评定
检查项目	1	工程布设	截(排)水沟位置符合设计要求,并按设计配套了消能和防冲设施				
	2	△工程结构	排水式截水沟与排水沟各构件与地面及沟坡结合紧密				
	3	外观质量	整洁,沟边无弃渣,无坍塌、冲毁现象,护砌光滑				
检测项目	1	截(排)水沟断面尺寸	允许偏差:截(排)水沟低宽、沟深为设计尺寸的±5%;边坡不陡于设计参数;排水式截水沟与排水沟平均比降±10%	总测点数	合格数	合格率(%)	
	2	消能和防冲措施结构尺寸	允许偏差:±10%	总测点数	合格数	合格率(%)	

施工单位自评意见	质量等级	监理单位核定意见或责任主体单位意见	核定质量等级
主要检查、检测项目全部符合质量标准。其他检查项目 _____,其他检测项目合格率 _____%			
施工单位名称		监理单位名称	
检查负责人		核定人	

表 16018   蓄水池单元工程质量评定表

单位工程名称				单元工程量				
分部工程名称				检验日期				年 月 日
单元工程名称、种类				评定日期				年 月 日
项次	项目名称		质量标准	检验结果				评定
检查项目	1	工程位置	蓄水池位置合理,符合设计或规范要求					
	2	工程结构	除池体外,有按设计布设的小型沉沙池、进水口和溢洪口					
	3	△防渗效果	蓄水后无渗漏现象					
	4	外观质量	砌石顶部呀要平,每层铺砌要稳,相邻石料要靠得紧,缝间沙浆要灌饱满,池壁表面平顺、无裂缝、无破损					
检测项目	1	容积	允许偏差:±10%	总测点数	合格数	合格率(%)		
	2	料石厚度	不小于 30 cm	总测点数	合格数	合格率(%)		
	3	△接缝宽度	不大于 2.5 cm	总测点数	合格数	合格率(%)		
施工单位自评意见			质量等级	监理单位核定意见或责任主体单位意见			核定质量等级	
主要检查、检测项目全部符合质量标准。其他检查项目_____,其他检测项目合格率 _____%								
施工单位名称				监理单位名称				
检查负责人				核定人				

_____工程

表 16019　沉沙池单元工程质量评定表

单位工程名称			单元工程量			
分部工程名称			检验日期			年　月　日
单元工程名称、种类			评定日期			年　月　日
项次		项目名称	质量标准	检验结果		评定
检查项目	1	工程位置	沉沙井布置位置符合设计或规范要求			
	2	△工程结构	规格材料符合设计要求			
	3	外观质量	整洁,池壁表面平顺、无裂缝、无破损			
检测项目	1	池体断面尺寸	允许偏差:设计尺寸的±10%;土质池体边坡不陡于设计参数	总测点数　合格数　合格率(%)		
	2	进、出水口规格尺寸	允许偏差:设计尺寸的±5%	总测点数　合格数　合格率(%)		
	3	石砌料石和接缝	参照蓄水池	总测点数　合格数　合格率(%)		
施工单位自评意见			质量等级	监理单位核定意见或责任主体单位意见		核定质量等级
主要检查、检测项目全部符合质量标准。其他检查项目_____,其他检测项目合格率_____%						
施工单位名称				监理单位名称		
检查负责人				核定人		

_____工程

表 16020 标准径流小区单元工程质量评定表

单位工程名称			单元工程量			
分部工程名称			检验日期			年　月　日
单元工程名称、种类			评定日期			年　月　日
项次	项目名称	质量标准	检验结果			评定
检查项目	1　小区布设	小区布设符合规范或设计要求				
	2　△工程结构	小区集水槽、引水槽、量水设施规格符合规范或设计要求,围埂内侧垂直,外侧保护带宽度符合规范或设计要求。量水设施选用污工径流池的,池壁、池底应做防渗处理				
	3　外观质量	集流槽、径流池等要求硬化,表面光滑				
检测项目	1　△小区规格	允许偏差:±1%	总测点数	合格数	合格率(%)	
	2　△围埂高	允许偏差:±5%	总测点数	合格数	合格率(%)	
	3　围埂厚度	允许偏差:±5%	总测点数	合格数	合格率(%)	
	4　量水设施规格	允许偏差:±5%	总测点数	合格数	合格率(%)	
施工单位自评意见		质量等级	监理单位核定意见或责任主体单位意见		核定质量等级	
主要检查、检测项目全部符合质量标准。其他检查项目_____,其他检测项目合格率_____%						
施工单位名称			监理单位名称			
检查负责人			核定人			

_____工程

表 16021　水蚀控制站单元工程质量评定表

单位工程名称			单元工程量		
分部工程名称			检验日期		年　月　日
单元工程名称、种类			评定日期		年　月　日
项次	项目名称		质量标准	检验结果	评定
检查项目	1	工程布设	典型沟道顺直无急弯,无坍塌,无冲淤变化,水流集中		
	2	△工程结构	量水设施、水位观测设施、降雨观测齐全,位置符合规范要求		
	3	外观质量	量水设施表面要求平整光滑		

检测项目	1	△量水建筑物	允许偏差:设计尺寸的±1%	总测点数	合格数	合格率(%)
	2	沉沙设施	允许偏差:设计尺寸的±2%	总测点数	合格数	合格率(%)
	3	测验河段比降	允许偏差:±2%	总测点数	合格数	合格率(%)

施工单位自评意见	质量等级	监理单位核定意见或责任主体单位意见	核定质量等级
主要检查、检测项目全部符合质量标准。其他检查项目_____,其他检测项目合格率_____%			
施工单位名称		监理单位名称	
检查负责人		核定人	

第 17 部分
其 他

表 17001　隐蔽工程检查验收记录

表 17002　工序/单元工程施工质量报验单

表 17003　混凝土浇筑开仓报审表

表 17004　混凝土施工配料通知单

表 17005　普通混凝土基础面处理工序施工质量三检表(样表)

表 17006　普通混凝土施工缝处理工序施工质量三检表(样表)

表 17007　普通混凝土模板制作及安装工序施工质量三检表(样表)

表 17008　普通混凝土钢筋制作及安装工序施工质量三检表(样表)

表 17009　普通混凝土预埋件制作及安装工序施工质量三检表(样表)

表 17010　普通混凝土浇筑工序施工质量三检表(样表)

表 17011　普通混凝土外观质量检查工序施工质量三检表(样表)

表 17012　金属片止水油浸试验记录表

表 17013　混凝土浇筑记录表

表 17014　混凝土养护记录表

表 17015　混凝土结构拆模记录

表 17016　锚杆钻孔质量检查记录表

表 17017　喷护混凝土厚度检查记录表

表 17018　管棚、超前小导管灌浆施工记录表

表 17019　管棚、超前小导管钻孔施工记录表

表 17020　管道安装施工记录表

表 17021　DIP 管安装接口质量检查记录表

表 17022　PCCP 管安装接口质量检查记录表

表 17023　PCCP 管接口打压记录表

表 17024　牺牲阳极埋设检测记录表

表 17025　牺牲阳极测试系统安装检查记录表

表 17026　钢管防腐电火花记录表

表 17027　压力管道水压试验(注水法)记录表

表 17028　构筑物满水试验记录表

_____工程

表 17001 隐蔽工程检查验收记录

单位工程名称		分部工程名称	
单元工程名称、部位		隐检项目	
施工单位		施工日期	

验收内容及自检情况	
检查验收意见	
处理情况及结论	

施工单位	监理单位	PMC项目管理单位	设计单位	项目法人
验收人：	验收人：	验收人：	验收人：	验收人：
（签字） 年 月 日	（签字） 年 月 日	（签字） 年 月 日	（签字） 年 月 日	（签字） 年 月 日

_____工程

表 17002　工序/单元工程施工质量报验单

(承包[　　]质报号)

合同名称:　　　　　　　　　　　　　　　　　合同编号:

致(监理机构):

　　□工序/□单元工程已按合同要求完成施工,经自检合格,报请贵方复核。

　　附:□工序施工质量评定表

　　　　□工序施工质量检查、检测记录

　　　　□单元工程施工质量评定表

　　　　□单元工程施工质量检查、检测记录

承　包　人:(现场机构名称及盖章)

质检负责人:(签名)

日　　　期:　年 月 日

监理机构意见

复核结果:

　　□同意进入下一工序　　　□不同意进入下一工序

　　□同意进入下一单元工程□不同意进入下一单元工程

　　附件:监理复核支持材料

监　理　机　构:(名称及盖章)

监理工程师:(签名)

日　　　期:　年 月 日

说明:本表一式_____份,由承包人填写。监理机构复核后,监理机构_____份,返承包人_____份。

_____工程

表 17003　混凝土浇筑开仓报审表

(承包[　　]质报号)

合同名称：　　　　　　　　　　　　　　　　　　合同编号：

致(监理机构)：				
我方下述工程混凝土浇筑准备工作已就绪,请贵方审批。				
单位工程名称			分部工程名称	
单元工程名称			单元工程编码	
申报意见	主要内容		准备情况	
	备料情况			
	施工配合比			
	检测装备			
	基面/施工缝处理			
	钢筋制安			
	模板支立			
	细部结构			
	预埋件(含止水安装、监测仪器安装)			
	混凝土系统准备			
	附:自检资料 承　包　人： 现场负责人： 日　　期：　年 月 日			
监理机构意见	审批意见： 监理机构： 监理工程师： 日　　期：　年 月 日			

说明:本表一式_____份,由承包人填写,监理机构审批后,发包人_____份、设代机构 份、监理机构_____份、
　　　承包人_____份。

_____工程

表 17004　混凝土施工配料通知单

编号：　　　　　　　　　　　　　　　　浇筑日期：
浇筑部位：　　　　　　　　　　　　　　每盘拌和量：
混凝土强度等级：　　　　　　　　　　　水泥强度等级
混凝土配比编号：　　　　　　　　　　　混凝土搅拌站：
水胶比：　　　　　　　　　　　　　　　签发时间：
规定坍落度：　　　　　　　　　　　　　浇筑方量：

材料名称	水泥	粉煤灰	砂	石子(mm)		减水剂		引气剂		水
				5~20	20~40	浓度	掺量	浓度	掺量	
配合比用量(kg)										
调整量(kg)										
调整配合比用量(kg)										
含水量(%)										
饱和面干吸水率(%)										
含水(kg)										
施工配合量(kg)										

依据标准：

检验结论：

备注

计算：　　　　　　　　校核：　　　　　　　　监理：

_____工程

表17005　普通混凝土基础面处理工序施工质量三检表(样表)

单位工程名称				工序编号		
分部工程名称				施工单位		
单元工程名称、部位				施工日期	年 月 日至　年 月 日	
项次		检验项目	质量要求	初检记录	复检记录	终检记录
主控项目	1	岩基	符合设计要求			
		软基	预留保护层已挖除;基础面符合设计要求			
	2	地表水和地下水	妥善引排或封堵			
一般项目	1	岩面清理	符合设计要求;清洗洁净,无积水、无积渣杂物			
初检意见		经初检,该工序施工质量已经满足设计及有关施工规范要求,申请复检。 初检人:　　　　　　　年 月 日				
复检意见		经复检,该工序施工质量已经满足设计及有关施工规范要求,申请终检。 复检人:　　　　　　　年 月 日				
终检意见		经终检,该工序施工质量已经满足设计及有关施工规范要求。 终检人:　　　　　　　年 月 日				
监理核查意见		经核查,该工序施工质量符合设计及规范要求。 核查人:　　　　　　　年 月 日				

<u>　　　　　　　　　　</u>工程

表 17006　普通混凝土施工缝处理工序施工质量三检表(样表)

单位工程名称				工序编号			
分部工程名称				施工单位			
单元工程名称、部位				施工日期		年 月 日至　 年 月 日	
项次		检验项目	质量要求	初检记录	复检记录	终检记录	
主控项目	1	施工缝的留置位置	符合设计或有关施工规范规定				
	2	施工缝面凿毛	基面无乳皮,成毛面,微露粗砂				
一般项目	1	缝面清理	符合设计要求;清洗洁净、无积水、无积渣杂物				
初检意见		经初检,该工序施工质量已经满足设计及有关施工规范要求,申请复检。 初检人:　　　　　　　　　年 月 日					
复检意见		经复检,该工序施工质量已经满足设计及有关施工规范要求,申请终检。 复检人:　　　　　　　　　年 月 日					
终检意见		经终检,该工序施工质量已经满足设计及有关施工规范要求。 终检人:　　　　　　　　　年 月 日					
监理核查意见		经核查,该工序施工质量符合设计及规范要求。 核查人:　　　　　　　　　年 月 日					

_____工程

表 17007　普通混凝土模板制作及安装工序施工质量三检表(样表)

单位工程名称			工序编号		
分部工程名称			施工单位		
单元工程名称、部位			施工日期	年 月 日至　年 月 日	

项次		检验项目	质量要求	初检记录	复检记录	终检记录
主控项目	1	稳定性、刚度和强度	满足混凝土施工荷载要求,并符合模板设计要求			
	2	承重模板底面高程	允许偏差 0~+5 mm			
	3	排架、梁、板、柱、墙、墩	结构断面尺寸　允许偏差±10 mm			
			轴线位置　允许偏差±10 mm			
			垂直度　允许偏差±5 mm			
	4	结构物边线与设计边线	外露表面　内模板:允许偏差-10 mm~0;外模板:允许偏差+10 mm~0			
			隐蔽内面　允许偏差 15 mm			
	5	预留孔、洞尺寸及位置	孔、洞尺寸　允许偏差-10 mm			
			孔洞位置　允许偏差±10 mm			
一般项目	1	相邻两板面错台	外露表面　钢模:允许偏差2 mm 木模:允许偏差3 mm			
			隐蔽内面　允许偏差 5 mm			
	2	局部平整度	外露表面　钢模:允许偏差3 mm 木模:允许偏差5 mm			
			隐蔽内面　允许偏差 10 mm			
	3	板面缝隙	外露表面　钢模:允许偏差1 mm 木模:允许偏差2 mm			
			隐蔽内面　允许偏差 2 mm			
	4	结构物水平断面内部尺寸	允许偏差±20 mm			
	5	脱模剂涂刷	产品质量符合标准要求,涂刷均匀,无明显色差			
	6	模板外观	表面光洁、无污物			

初检意见	经初检,该工序施工质量已经满足设计及有关施工规范要求,申请复检。　初检人:　年 月 日
复检意见	经复检,该工序施工质量已经满足设计及有关施工规范要求,申请终检。　复检人:　年 月 日
终检意见	经终检,该工序施工质量已经满足设计及有关施工规范要求。　终检人:　年 月 日
监理核查意见	经核查,该工序施工质量符合设计及规范要求。　核查人:　年 月 日

_____工程

表 17008 普通混凝土钢筋制作及安装工序施工质量三检表(样表)

单位工程名称					工序编号			
分部工程名称					施工单位			
单元工程名称、部位					施工日期		年 月 日至	年 月 日

项次			检验项目	质量要求	初检记录	复检记录	终检记录
主控项目	1		钢筋的数量、规格尺寸、安装位置	符合质量标准和设计的要求			
	2		钢筋接头的力学性能	符合规范要求和国家及行业有关规定			
	3		焊接接头和焊缝外观	不允许有裂缝、脱焊点、漏焊点,表面平顺,没有明显的咬边、凹陷、气孔等,钢筋不应有明显烧伤			
	4	钢筋连接	电弧焊 帮条对焊接头中心	纵向偏移差不大于0.5d			
			电弧焊 接头处钢筋轴线的曲折	≤4°			
			电弧焊 焊缝 长度	允许偏差-0.5d			
			电弧焊 焊缝 宽度	允许偏差-0.1d			
			电弧焊 焊缝 高度	允许偏差-0.05d			
			电弧焊 焊缝 表面气孔夹渣	在2d长度上数量不多于2个;气孔、夹渣的直径不大于3 mm			
			对焊及熔槽焊 焊接接头根部未焊透深度 Φ25~40 mm钢筋	≤0.15d			
			对焊及熔槽焊 焊接接头根部未焊透深度 Φ40~70 mm钢筋	≤0.10d			
			对焊及熔槽焊 接头处钢筋中心线的位移	0.10d且不大于2 mm			
			绑扎连接 蜂窝、气孔、非金属杂质	焊缝表面(长为2d)和焊缝截面上不多于3个,且每个直径不大于1.5 mm			
			绑扎连接 缺扣、松扣	≤20%,且不集中			
			绑扎连接 弯钩朝向正确	符合设计图纸			
			绑扎连接 搭接长度	允许偏差-0.05 mm设计值			

·840·

续表 17008

项次		检验项目		质量要求	初检记录	复检记录	终检记录
主控项目	4	钢筋连接	机械连接 — 带肋钢筋冷挤压连接接头 — 压痕处套筒外形尺寸	挤压后套筒长度应为原套筒长度的1.1~1.15倍,或压痕处套筒的外径波动范围为原套筒外径的0.8~0.9倍			
			挤压道次	符合型式检验结果			
			接头弯折	≤4°			
			裂缝检查	挤压后肉眼观察无裂缝			
		直(锥)螺纹连接接头 — 丝头外观质量	保护良好,无锈蚀和油污,牙形饱满光滑				
			套头外观质量	无裂纹或其他肉眼可见缺陷			
			外露丝扣	无1扣以上完整丝扣外露			
			螺纹匹配	丝头螺纹与套筒螺纹满足连接要求,螺纹结合紧密,无明显松动,以及相应处理方法得当			
	5	钢筋间距		无明显过大过小的现象			
	6	保护层厚度		允许偏差±1/4净保护层厚			
一般项目	1	钢筋长度方向		允许偏差±1/2净保护层厚			
	2	同一排受力钢筋间距	排架、柱、梁	允许偏差±0.5d			
			板、墙	允许偏差±0.1倍间距			
	3	双排钢筋,其排与排间距		允许偏差±0.1倍排距			
	4	梁与柱中箍筋间距		允许偏差±0.1倍箍筋间距			

初检意见	经初检,该工序施工质量已经满足设计及有关施工规范要求,申请复检。 初检人:　　　　　　　年　月　日
复检意见	经复检,该工序施工质量已经满足设计及有关施工规范要求,申请终检。 复检人:　　　　　　　年　月　日
终检意见	经终检,该工序施工质量已经满足设计及有关施工规范要求。 终检人:　　　　　　　年　月　日
监理核查意见	经核查,该工序施工质量符合设计及规范要求。 核查人:　　　　　　　年　月　日

表 17009　普通混凝土预埋件制作及安装工序施工质量三检表（样表）

单位工程名称				工序编号			
分部工程名称				施工单位			
单元工程名称、部位				施工日期	年　月　日至　　年　月　日		
项次		检验项目		质量要求	初检记录	复检记录	终检记录
止水片、止水带	主控项目	1	片(带)外观	表面平整,无浮皮、锈污、油渍、砂眼、钉孔、裂纹等			
		2	基座	符合设计要求(按基础面要求验收合格)			
		3	片(带)插入深度	符合设计要求			
		4	沥青井(柱)	位置准确、牢固,上下层衔接好,电热元件及绝热材料埋设准确,沥青填塞密实			
		5	接头	符合工艺要求			
	一般项目	1	片(带)偏差 宽	允许偏差±5 mm			
			片(带)偏差 高	允许偏差±2 mm			
			片(带)偏差 长	允许偏差±20 mm			
		2	搭接长度 金属止水片	≥20 mm,双面焊接			
			搭接长度 橡胶、PVC止水带	≥100 mm			
			搭接长度 金属止水片与PVC止水带接头栓接长度	≥350 mm(螺栓栓接法)			
		3	片(带)中心线与接缝中心线安装偏差	允许偏差±5 mm			
伸缩缝(填充材料)	主控项目	1	伸缩缝缝面	平整、顺直、干燥,外露铁件应割除,确保伸缩有效			
	一般项目	1	涂敷沥青料	涂刷均匀平整、与混凝土粘结紧密,无气泡及隆起现象			
		2	粘贴沥青油毛毡	铺设厚度均匀平整、牢固、搭接紧密			
		3	铺设预制油毡板或其他闭缝板	铺设厚度均匀平整、牢固、相邻块安装紧密平整无缝			

续表 17009

项次			检验项目	质量要求	初检记录	复检记录	终检记录
排水系统	主控项目	1	孔口装置	按设计要求加工、安装,并进行防锈处理,安装牢固,不应有渗水、漏水现象			
		2	排水管通畅性	通畅			
	一般项目	1	排水孔倾斜度	允许偏差4%			
		2	排水孔(管)位置	允许偏差100 mm			
		3	基岩排水孔 倾斜度 孔深不小于8 m	允许偏差1%			
			基岩排水孔 倾斜度 孔深小于8 m	允许偏差2%			
			基岩排水孔 深度	允许偏差±0.5%			
冷却及灌浆管路	主控项目	1	管路安装	安装牢固、可靠,接头不漏水、不漏气、无堵塞			
	一般项目	1	管路出口	露出模板外300~500 mm,妥善保护,有识别标志			
铁件	主控项目	1	高程、方位、埋入深度及外露长度等	符合设计要求			
	一般项目	1	铁件外观	表面无锈皮、油污等			
		2	锚筋钻孔位置 梁、柱的锚筋	允许偏差20 mm			
			锚筋钻孔位置 钢筋网的锚筋	允许偏差50 mm			
		3	钻孔底部的孔径	锚筋直径 d+20 mm			
		4	钻孔深度	符合设计要求			
		5	钻孔的倾斜度相对设计轴线	允许偏差5%(在全孔深度范围内)			
初检意见			经初检,该工序施工质量已经满足设计及有关施工规范要求,申请复检。 初检人: 年 月 日				
复检意见			经复检,该工序施工质量已经满足设计及有关施工规范要求,申请终检。 复检人: 年 月 日				
终检意见			经终检,该工序施工质量已经满足设计及有关施工规范要求。 终检人: 年 月 日				
监理核查意见			经核查,该工序施工质量符合设计及规范要求。 核查人: 年 月 日				

_____工程

表 17010　普通混凝土浇筑工序施工质量三检表(样表)

单位工程名称				工序编号				
分部工程名称				施工单位				
单元工程名称、部位				施工日期		年　月　日至		年　月　日
项次		检验项目	质量要求		初检记录		复检记录	终检记录
主控项目	1	入仓混凝土料	无不合格料入仓。如有少量不合格料入仓,应及时处理至达到要求					
	2	平仓分层	厚度不大于振捣棒有效长度的90%,铺设均匀,分层清楚,无骨料集中现象					
	3	混凝土振捣	振捣器垂直插入下层5 cm,有次序,间距、留振时间合理,无漏振、无超振					
	4	铺筑间歇时间	符合要求,无初凝现象					
	5	浇筑温度(指有温控要求的混凝土)	满足设计要求					
	6	混凝土养护	表面保持湿润;连续养护时间基本满足设计要求					
一般项目	1	砂浆铺筑	厚度宜为2~3 cm,均匀平整,无漏铺					
	2	积水和泌水	无外部水流入,泌水排除及时					
	3	插筋、管路等埋设件以及模板的保护	保护好,符合设计要求					
	4	混凝土表面保护	保护时间、保温材料质量符合设计要求					
	5	脱模	脱模时间符合施工技术规范或设计要求					
初检意见		经初检,该工序施工质量已经满足设计及有关施工规范要求,申请复检。 初检人:　　　　　　　　　　　年　月　日						
复检意见		经复检,该工序施工质量已经满足设计及有关施工规范要求,申请终检。 复检人:　　　　　　　　　　　年　月　日						
终检意见		经终检,该工序施工质量已经满足设计及有关施工规范要求。 终检人:　　　　　　　　　　　年　月　日						
监理核查意见		经核查,该工序施工质量符合设计及规范要求。 核查人:　　　　　　　　　　　年　月　日						

_____工程

表 17011 普通混凝土外观质量检查工序施工质量三检表(样表)

单位工程名称				工序编号				
分部工程名称				施工单位				
单元工程名称、部位				施工日期		年 月 日至		年 月 日

项次		检验项目	质量要求	初检记录	复检记录	终检记录
主控项目	1	有平整度要求的部位	符合设计及规范要求			
	2	形体尺寸	符合设计要求或允许偏差±20 mm			
	3	重要部位缺损	不允许出现缺损			
一般项目	1	表面平整度	每 2 m 偏差不大于 8 mm			
	2	麻面/蜂窝	麻面、蜂窝累计面积不超过 0.5%。经处理符合设计要求			
	3	孔洞	单个面积不超过 0.01 m²,且深度不超过骨料最大粒径。经处理符合设计要求			
	4	错台、跑模、掉角	经处理符合设计要求			
	5	表面裂缝	短小、深度不大于钢筋保护层厚度的表面裂缝经处理符合设计要求			

初检意见	经初检,该工序施工质量已经满足设计及有关施工规范要求,申请复检。 初检人:　　　　　年 月 日
复检意见	经复检,该工序施工质量已经满足设计及有关施工规范要求,申请终检。 复检人:　　　　　年 月 日
终检意见	经终检,该工序施工质量已经满足设计及有关施工规范要求。 终检人:　　　　　年 月 日
监理核查意见	经核查,该工序施工质量符合设计及规范要求。 核查人:　　　　　年 月 日

_____工程

表 17012　金属片止水油浸试验记录表

单位工程名称		分部工程名称	
单元工程名称		试验日期	

序号	接头位置	刷油时间	观测时间	试验结论	备注
施工单位			检查人：　　　　　　　　记录人：		

_____工程

表 17013　混凝土浇筑记录表

施工单位：　　　　　　　　　　　　　年　月　日　天气：　　　　　　　　班：白/夜

拌合站编号					配合比编号				
单位工程名称					水泥品种及标号				
分部工程名称					水胶比				
单元工程名称、部位					混凝土设计标号				
浇筑工程量					规定坍落度(mm)				
每盘拌和方量					开、停盘时间				
配合比	水泥(kg)	粉煤灰(kg)	砂子(kg)	小石(kg)	中石(kg)	大石(kg)	减水剂(kg)	引气剂(kg)	水(kg)
每 m³ 用量									
测温记录	气温	时间(s)							
		温度(℃)							
	出机口	时间(s)							
		温度(℃)							
	入仓	时间(s)							
		温度(℃)							
	浇筑	时间(s)							
		温度(℃)							
坍落度检验记录	出机口								
	入仓								
含气量检验记录	出机口								
	入仓								
混凝土施工情况									

记录：　　　　　　　　　　　　　　　　　　测试：

_____工程

表 17014　混凝土养护记录表

单位工程名称			施工单位	
分部工程名称			混凝土设计标号	
单元工程名称、部位			浇筑工程量	
养护方法		养护部位		浇筑日期

养护日期	天气情况	气温	风力	检查情况

记录：　　　　　　　　　　　　　　　检查：

_____工程

表 17015　混凝土结构拆模记录

单位工程名称			分部工程名称		
单元工程名称			部位		
混凝土强度等级		混凝土浇筑 完成时间	年 月 日	拆模时间	年 月 日
构件类型(在□内划√)					
板： □跨度≤2 m □2 m<跨度≤8 m □跨度>8 m		梁： □跨度≤8 m □跨度>8 m		□侧模拆除： 侧模拆除时的混凝土强度应能保证其表面及棱角不受损伤。	
□预制构件	(1)侧模,在混凝土强度能保证构件不变形、棱角完整时,方可拆除; (2)预留孔洞的内模,在混凝土强度能保证构件和孔洞表面不发生坍陷和裂缝后,方可拆除; (3)底模,当构件跨度不大于4 m时,在混凝土强度符合设计的混凝土强度标准值的50%的要求后,方可拆除;当构件跨度大于4 m时,在混凝土强度符合设计的混凝土强度标准值的75%的要求后,方可拆除				
拆模时混凝土强度要求		养护时间(d)	回弹仪回弹强度值(MPa)		达到设计强度等级(%)
应达到设计强度的_____ (或_____MPa)					
说明：					
拆模情况：					
监理单位审批意见：					
监理单位		施工单位			
监理工程师		质检员		施工员	

表 17016 锚杆钻孔质量检查记录表

单位工程名称		单元工程量		
分部工程名称		施工单位		
单元工程名称		高程		
桩号		施工时间		年 月 日至 年 月 日

设计孔径（mm）		设计孔深（m）		设计孔向（°）		设计孔位允许偏差	

钻孔序号	实测值						检查结果	
	孔径（mm）	孔深（m）	孔向（°）	孔位偏差（cm）	钻孔吹洗	孔内故障	施工单位自检	监理单位检查

质检员：　　　　　　　　　　　　　　　　监理工程师：

日　期：　　　　　　　　　　　　　　　　日　期：

_____工程

表 17017 喷护混凝土厚度检查记录表

单位工程名称		单元工程量(m³)	
分部工程名称		施工单位	
单元工程名称		检测日期	
桩号		高程	

检测点序号	设计厚度（cm）	喷护厚度检查结果（cm）		检测点序号	设计厚度（cm）	喷护厚度检查结果（cm）	
		施工单位自检	监理单位检查			施工单位自检	监理单位检查
1				14			
2				15			
3				16			
4				17			
5				18			
6				19			
7				20			
8				21			
9				22			
10				20			
11				24			
12				25			
13				26			

检查依据:设计和规范要求及检查布点"厚度检测平面/展示图"

　　本单元混凝土厚度抽查总点数_____点,_____%检查点厚度值不小于设计厚度,最小厚度_____cm,平均厚度_____cm。

质检员:　　　　　　　　　　　　　　　　监理工程师:

日　　期:　　　　　　　　　　　　　　　日　　期:

_____ 工程

表 17018 管棚、超前小导管灌浆施工记录表

承建单位：_____

桩号：_____

排序：_____

段次：_____

次序：_____

段长：自_____ m 至_____ m 计_____ m

孔口高程：_____

日期：_____ 年_____ 月_____ 日

孔底沉淀：_____ cm

射浆管距孔底：_____ cm

序号	时间			灌浆配合比		浆材用量(kg)		加浆量 (L)	槽内浆量 (L)	注入量 (L)	注入率 (L/min)	灌浆压力 (MPa)	备注
	时(h)	分(min)	计(min)	水	水泥	水	水泥						

合计：注入浆量_____ L；注入水泥量_____ kg；废弃水泥_____ kg。

质检员：　　　　　　　日期：　　　　　　　监理工程师：　　　　　　　日期：

_____工程

表 17019 管棚、超前小导管钻孔施工记录表

施工单位			施工日期	
单位工程名称			分部工程名称	
单元工程名称			施工里程	
钻机名称及型号		设计钻孔长度（m）		方向角
钻杆编号	钻孔编号	钻孔时间		分节钻孔深度（m）	地质描述	备注
		自	计	设计钻孔深度（m）	累计钻孔深度（m）	
		年-月-日	始 时:分	时:分	时:分			

记录人：　　　　　　　　　　　质检员：　　　　　　　　　　　施工负责人：　　　　　　　　　　　监理工程师：

工程

表17020　管道安装施工记录表

单位工程名称							分部工程名称						
单元工程名称							施工单位						
序号	桩号	管节编号	规格型号	设计高程（管中心）	设计槽底开挖高程	实际槽底开挖高程	实测回填砂高程	实测管顶安装高程	槽底宽（m）	槽顶宽（m）	轴线位移（m）		安装完成	备注
											左	右	日期	质检人	

记录人：　　　　　　　质检员：　　　　　　　施工负责人：　　　　　　　监理工程师：

_____工程

表 17021 DIP 管安装接口质量检查记录表

单位工程名称			分部工程名称										
单元工程名称、部位			施工单位										
序号	管材编号	安装日期	管内承插口间隙				插口推入深度				管外橡胶圈深度			备注
			左上	左下	右上	右下	左上	左下	右上	右下	左上	左下	右上	右下	

检查人：

记录人：

工程

表 17022 PCCP 管安装接口质量检查记录表

单位工程名称				分部工程名称								
单元工程名称、部位				施工单位								
序号	管材编号	安装日期	管内承插口间隙				管内橡胶圈深度				管外橡胶圈深度				备注
			左上	左下	右上	右下	左上	左下	右上	右下	左上	左下	右上	右下	

检查人：　　　　　　　　　　　　　　　　　记录人：

_____工程

表 17023 PCCP 管接口打压记录表

单位工程名称							工程名称							
单元工程名称							施工单位							
序号	桩号	管节编号	打压次数	打压日期	设计压力(MPa)	打压结束 时间	打压结束 压值(MPa)	稳压结束 时间	稳压结束 压值(MPa)	稳压时间(min)	压降(MPa)	打压结果	检测人	监理	打压泵编号	压力表检定时间
---	---	---	---	---	---	---	---	---	---	---	---	---	---	---	---	---
1			1													
			2													
			3													
2			1													
			2													
			3													
3			1													
			2													
			3													
4			1													
			2													
			3													
5			1													
			2													
			3													

注:在下三节接头完成后,应对前一节接头进行接口压水试验,以检查后续施工对前一接头的影响,管槽回填后对接口进行第三次压水试验。

_____工程

表 17024 牺牲阳极埋设检测记录表

单位工程名称						分部工程名称					
单元工程名称、部位						施工单位					
序号	埋设日期	埋设位置	阳极规格	数量	管道自然电位(−V)	阳极开路电位(−V)	阳极输出电流(mA)	管道保护电位(−V)	阳极闭路电位(−V)	阳极接地电阻(Ω)	土壤电阻率(Ω·m)	焊点制作	PCCP管间跨接电阻(Ω)	防腐处理	结论

测试人:　　　　　　　　　　　　　质检员:　　　　　　　　　　　　现场监理:

日　期:　　　　　　　　　　　　　日　期:　　　　　　　　　　　　日　期:

工程 _____

表 17025 牺牲阳极测试系统安装检查记录表

单位工程名称								分部工程名称						
单元工程名称、部位								施工单位						
序号	安装日期	安装位置	P点位置	T1点位置	T2点位置	阳极规格	数量	管道自然电位(-V)	阳极开路电位(-V)	阳极输出电流(mA)	管道保护电位(-V)	阳极闭路电位(-V)	阳极接地电阻(Ω)	结论

测试人： 质检员： 现场监理：

日 期： 日 期： 日 期：

_____工程

表 17026 钢管防腐电火花记录表

单位工程名称			分部工程名称			
单元工程名称			试验日期			年 月 日
序号	施工桩号	管材编号	检测电压(kV)	打火现象	试验结论	备注
施工单位			试验人：		记录人：	

_____工程

表 17027 压力管道水压试验(注水法)记录表

编号:_____

工程名称		试验日期		年　月　日
桩号及地段				

管道内径 （mm）	管材种类	接口种类	试验段长度 （m）

工作压力 （MPa）	试验压力 （MPa）	15 min 降压值 （MPa）	允许渗水量 [L/(min·km)]

	次数	达到测试压力的 时间 t_1	恒定结束 时间 t_2	恒压时间 T(min)	恒压时间内补入的 水量 W(L)	实测渗水量 q[L/(min·m)]
渗水量 测定记录	1					
	2					
	3					
	4					
	5					
	折合平均实测渗水量[L/(min·km)]					

外观	
评语	

施工单位:　　　　　　　　　　　　试验负责人:

监理单位:　　　　　　　　　　　　设计单位:

PMC 管理单位:　　　　　　　　　　项目法人:

记录员:

表 17028　构筑物满水试验记录表

编号：_____

工程名称			
施工单位			
构筑物名称		注水日期	年　月　日
构筑物结构		允许渗水量 $[L/(m^2 \cdot d)]$	
构筑物平面尺寸		水面面积 A_1 (m^2)	
水深(m)		湿润面积 A_2 (m^2)	
测读记录	初读数	末读数	两次读数差
测读时间 （ 年　月　日　时　分)			
构筑物水位 E(mm)			
蒸发水箱水位 e(mm)			
大气温度(℃)			
水温(℃)			
实际渗水量 q	m^3/d	$L/(m^2 \cdot d)$	占允许量的百分率(%)
试验结论			
项目法人	PMC 管理单位	监理单位	施工单位
			技术负责人： 质检员： 测量人：